人工智能前沿科学丛书

U0174250

人工智能
构建适应复杂环境的智能体

褚君浩院士　主编

徐　昕　刘新旺　著

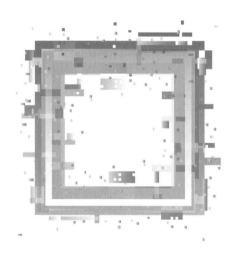

上海科学技术文献出版社
Shanghai Scientific and Technological Literature Press

图书在版编目（CIP）数据

人工智能：构建适应复杂环境的智能体 / 徐昕等著 . —上海：
上海科学技术文献出版社 ,2022
　　（人工智能前沿丛书 / 褚君浩主编）
　　ISBN 978-7-5439-8498-1

　　Ⅰ . ①人… 　Ⅱ . ①徐… 　Ⅲ . ①人工智能—研究 　Ⅳ .
① TP18

中国版本图书馆 CIP 数据核字 (2021) 第 279040 号

选题策划：张　树
责任编辑：王　珺
封面设计：留白文化

人工智能：构建适应复杂环境的智能体
RENGONG ZHINENG: GOUJIAN SHIYING FUZA HUANJING DE ZHINENGTI
褚君浩院士　主编　徐　昕　刘新旺　著
出版发行：上海科学技术文献出版社
地　　址：上海市长乐路 746 号
邮政编码：200040
经　　销：全国新华书店
印　　刷：商务印书馆上海印刷有限公司
开　　本：720mm×1000mm　1/16
印　　张：9
字　　数：151 000
版　　次：2022 年 2 月第 1 版　2022 年 2 月第 1 次印刷
书　　号：ISBN 978-7-5439-8498-1
定　　价：88.00 元
http://www.sstlp.com

序

　　人工智能是人类第四次工业革命的重要引领性核心技术。

　　人类第一次工业革命是热力学规律的发现和蒸汽机的研制，特征是机械化；第二次工业革命是电磁规律的发现和发电机、电动机、电报的诞生，特征是电气化；第三次工业革命是因为相对论、量子力学、固体物理、现代光学的建立，使得集成电路、计算机、激光、存储、显示等技术飞速发展，特征是信息化。现在人类正在进入第四次工业革命，其特征是智能化。智能化时代的重要任务是努力把人类的智慧融入物理实体中，构建智能化系统，让世界变得更为智慧、更为适宜人类可持续发展。智能化系统具有三大支柱：实时获取信息、智慧分析信息、及时采取应对措施。而传感器、大数据、算法和物理系统规律，以及控制、通信、网络等提供技术支撑。人工智能是智能化系统的重要典型实例。

　　人工智能研究仿人类功能系统，也就是通过研究人类的智能与行为规律，发现人类是如何认知外在世界、适应外在世界的秘密，从而掌握规律，把人类认知与行为的智慧融入一个实际的物理系统，制备出能够具有人类功能的系统。它能像人那样具备观察能力、理解世界；能听会说、善于交流；能够思考并能推理；善于学习、自我进化；决策、操控；互相协作，也就是它能够看、听、说、识别、思考、学习、行动，从简单到复杂，从事类似人的工作。人类的智能来源于大脑，类脑机制是人工智能的顶峰。当前人工智能正在与各门科学技术、各类产业、医疗健康、经济社会、行政管理等深度融合，并在融合和应用中发展。

　　"人工智能前沿科学丛书"旨在用通俗的语言，诠释目前人工智能研究的概貌和进展情况。上海科学技术文献出版社及时组织出版的这套丛书，主笔专家均为人工智能研究领域各细分学科的著名学者，分别从智能体构建、人工智能中的搜索与优化、构建适应复杂环境的智能体、类脑智能机器人、智能运动控制系统，以及人工智能的治理之道等方面讨论人工智能发展的若干进展。在丛书中可以了解人工智能简史、人工智能基本内涵、发展现状、标志性事件和无人驾驶汽车、智能机器人等人工智能产业发展情况，同时也讨论和展望了人工智能发展趋势，阐述人工智能对科技发展、社会经济、道德伦理的影响。

该丛书可供各领域学生、研究生、老师、科技人员、企业家、公务员等涉及人工智能领域的各类人才以及对人工智能有兴趣的人员阅读参考。相信该丛书对读者了解人工智能科学与技术、把握发展态势、激发兴趣、开拓视野、战略决策等都有帮助。

中国科学院院士

中科院上海技术物理研究所研究员、复旦大学教授

2021 年 11 月

目 录

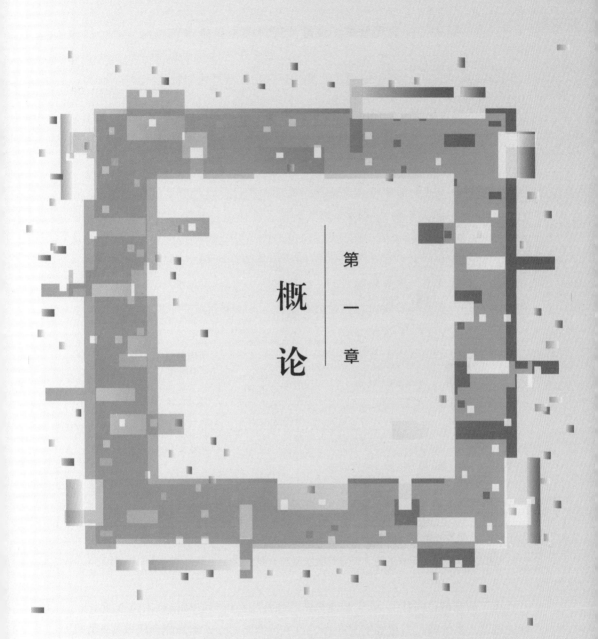

第 一 章

概论

21世纪以来，随着大数据、高性能计算等信息技术的发展变革，以及机器人系统加速向产业化迈进，推动了以深度学习为代表的新一轮人工智能（Artificial Intelligence，AI）热潮，人类社会开始从信息化时代迈入智能化时代。人工智能理论、技术与应用发展迅速，正在深刻地影响和改变着人们的生产和生活。从手机中的语音识别、银行交易中的生物特征认证、医疗诊断中的专家系统，到正在发展中的智能机器人和无人驾驶汽车，都离不开人工智能理论和技术的支撑。

在信息化时代，数字化和网络化是推动人类社会发展变革的核心要素；而21世纪初兴起的人工智能热潮则以大数据、高性能计算和深度学习算法为支撑的智能感知和决策技术为驱动力，可以看作信息化时代的高级阶段，也是人类进入智能化时代的"第一步台阶"即"前智能化时代"。可以预见，随着认知智能、类脑智能、高级机器学习、群体智能、混合智能等人工智能基础理论和技术的进一步突破发展，人类社会有望迈入"后智能化时代"。

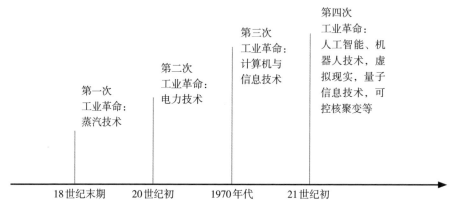

图1　人类发展历程的四次工业革命以及AI在第四次工业革命中的地位和作用

在"后智能化时代"，人工智能算法和软件将在许多领域接近人类智能水平，智能机器人系统将具备更强的复杂环境自主行为能力，人类智能和机器智能在实现深度融合后将有望实现人机混合的群体生态智能，从而带来人类社会生产和生活的革命性变化，成为"第四次工业革命"的核心动力。所谓第四次工业革命，是继蒸汽技术、电力技术、计算机及信息技术带来的三次工业革命后的又一次科技和工业革命。在前三次工业革命中，蒸汽技术、电力技术分别改变了人类对能量的生产和利用方式，计算机及信息技术则改变了人类对信息的生成和利用方式。在第四次工业革命中，人工智能将同时改变人类对能量和信息的利用方式，实现"以智聚能、以智释能"以及从信息中高效地发现和利用知识。

为迎接"前智能化时代"的到来并且为"后智能化时代"做好准备，我们每个人都需要深刻思考和理解一些有关人工智能的重要问题，如：人工智能的本质是什么、概念如何理解？人工智能的三大学派——"符号主义""连接主义"和"行为主义"分别在人工智能发展中占据什么地位又起到什么作用？人工智能的发展为何经历了一些起伏，未来又将如何发展？为了更加清晰明了地回答以上问题，可以从发展人工智能的初衷——构造具有"问题求解"能力的智能体（Agent）展开讨论。智能体的概念更多体现了人工智能的"行为主义"思想，但也可以很好地纳入"符号主义"的知识表达优势和"连接主义"的学习和鲁棒特性，因此也体现了目前人工智能三大学派交叉融合发展的思路。

1.1 面向问题求解的智能体

概括地讲，人工智能就是研究机器智能的学科，也就是让计算机或者智能机器具备类人的智能或者问题求解能力。这里说的智能机器，可以是一个虚拟的或者物理的机器，通常被称为智能体（Agent）。智能体或智能机器与各种单纯机械化的工具和机器不同的是，智能体具有观察（Observation）、判断（Orientation）、决策（Decision）和行动（Action）的能力，即OODA的能力。

智能体的上述OODA行为闭环对于复杂问题求解具有重要的意义和价值。首先，观察使智能体获得有关问题的状态和信息，并且是进行问题建模的前提，判断则是在问题建模的基础上进行发展趋势预测的重要步骤，决策是在趋势判断和预测的条件下给出满足一定目标的行为规划，而行动则是智能体利用反馈信息动态执行行为决策的控制过程。

美国人工智能专家尼尔斯·尼尔森（Nils J. Nilsson）给出了人工智能的一个定义：人工智能就是致力于让机器变得智能的活动，而智能

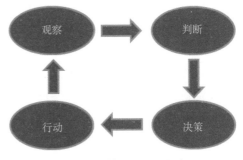

图1.1.1 智能体的OODA行为闭环

就是使实体在其环境中有远见地、适当地实现各种问题求解能力。这些问题求解的实例包括：视觉感知、语音识别、行为决策、学习，以及不依赖于模型的优化控制等。在各类问题求解的过程中，知识扮演了核心的角色。知识不同于数据和信息，它体现了用于问题求解的模型、方法、规则和经验技能。智能行为就体现在对知识的有效表示、利用和获取的能力。因此，人工智能的研究可以看作围绕知识表示、知识推理或利用、知识获取三个主要方面展开。

知识表示在人工智能的研究和发展过程中具有基础性的作用。它主要研究解决各类知识在计算机中的表达和描述，对于知识推理和知识获取的研究具有决定性的作用。常见的人工智能知识表示形式有符号逻辑、神经网络、行为规则等，这些不同的知识表示模型直接促使了人工智能三个主要学派的产生，即符号主义、连接主义和行为主义学派。

知识推理或利用主要研究在已有知识建模的基础上，根据获取的环境状态信息进行问题求解的规划、推理或决策控制，是利用知识来进行复杂问题求解的中心环节。知识的推理或利用需要研究知识模型的推广和迁移能力、决策规划的快速性和实时性、外部扰动下的鲁棒性等。

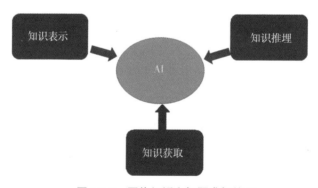

图 1.1.2　围绕知识和问题求解的 AI

知识获取是现阶段人工智能发展和应用的一个瓶颈，其核心就是机器学习。所谓机器学习，就是指智能机器利用经验数据、在一定的优化目标下不断优化性能、获得问题求解知识和能力的过程。机器学习是人工智能研究最为活跃的领域之一，并且相对具有独立性。与人工智能的顶级会议——国际人工智能联合会议（IJCAI）、（AAAI）具有同等影响力的学术会议就有国际机器学习会议（ICML）、神经信息处理国际会议（NeurIPS）等。

迄今为止，学术界从不同的角度阐述了人工智能的概念和定义。在《人工智能，一种现代的方法》[1][2]中分别从像人一样思考、合理地思考、像人一样行动、合理地行动四个方面给出了人工智能的若干定义，如表1.1.1所示。

表1.1.1　人工智能的若干定义[2]

像人一样思考	合理地思考
"使计算机思考的令人激动的新成就，……按完整的字面意思就是：有头脑的机器"（Haugelang，1985）	"通过使用计算模型来研究智力"（Charniak 和 McDermott，1985）
"与人类思维相关的活动，诸如决策、问题求解、学习等活动的自动化"（Bellman，1978）	"使感知、推理和行动称为可能的计算的研究"（Winston，1992）
像人一样行动	合理地行动
"创造能执行一些功能的机器的技艺，当由人来执行这些功能时需要智能"（Kurzweil，1990）	"计算智能研究智能 Agent 的设计"（Poole 等人，1998）
"研究如何使计算机能做那些目前人比计算机更擅长的事情"（Rich 和 Knight，1991）	"AI……关心人工制品中的智能行为"（Nilsson，1998）

随着科技的发展进步，人们希望计算机系统完成复杂问题求解任务的要求也越来越高。因此人工智能的内涵也在发生演变，出现了所谓"人工智能效应"，也出现了"弱人工智能"和"强人工智能"的概念。"弱人工智能"是指目前大量的人工智能软件和系统在某些特定领域到达其至超越人类智能，但缺乏通用的问题求解能力。"强人工智能"是指具备与人类同等智慧，或超越人类的人工智能，能表现正常人类所具有的各种智能行为。人工智能未来的发展目标就是要实现利用计算机系统或智能系统求解依靠人类智慧才能完成的各类复杂任务。

人工智能的研究具有多学科交叉的特点，涉及计算机科学、心理学、哲学、数学、统计学、神经科学、认知科学、控制理论、语言学等。人工智能学科可以看作一门研究、开发用于模拟、延伸和扩展人类智能的理论、方法、技术及应用系统的技术科学。

那么机器是否具有智能，它的评判标准是什么？图灵测试是回答以上评判标准的一个重要假设，该测试标准由英国科学家艾伦·麦席森·图灵于1950年提出。根据图灵测试标准，如果机器能在5分钟内回答由人类测试员提出的若干问题，且机器给出的超过30%的答案让测试员无法区分是人类还是机器给出的，则表明机器拥有接近于人类的智能。根据报道，目前只有一个俄罗斯团队研制的人工智能聊天软件"Eugene Goostman"，勉强通过了图灵测试。由此可见，为实现具有通用问题求解能力的强人工智能，还需要突破许多新的智能理论和技术。

1.2　人工智能的主要研究内容

新一代人工智能的理论和方法研究围绕着构建求解复杂问题的智能体展开，即实现智能体在复杂环境中的"观察–判断–决策–行动"即OODA（第一次出现写全称）能力。在智能体的观察能力层面，人工智能的研究内容包括自然语言理解、听觉信息处理和计算机视觉等；在智能体的判断层面，有关研究内容包括模式识别、归纳推理等；在智能体的决策层面，研究内容包括智能决策、行为规划等；而在智能体的行动层面，研究内容则包括智能控制、运动规划等。

围绕智能体的知识表示、知识推理和知识获取，人工智能理论和方法的研究体系可以划分为：

（1）知识表示：基于符号规则的专家系统、神经网络、决策树模型等。

（2）知识推理：涉及逻辑推理、决策与规划、智能控制等。

（3）知识获取：主要是各类机器学习方法，可以分为无监督学习、有监督学习、强化学习、半监督学习等。

人工智能的应用研究涉及多个领域，包括智能机器人、智慧医疗、智能交通、智能制造、智慧金融等，可以说渗透到社会生产和人类生活的各个层面。

1.3　人工智能研究的发展途径

从1956年人工智能的概念被正式提出，学术界和工业界从不同学科背景和应用领域出发，沿着不同的途径对人工智能的核心理论和方法进行了探索研究，对人工智能给出了不同的解释，也形成了符号主义、连接主义和行为主义三个主要的人工智能学派。尽管在人工智能的发展历程中，三个学派有对立的观点和争论，但目前已经逐渐相互补充、相互渗透，未来的发展趋势是不同研究途径的融合和共同发展。

（1）符号主义（Symbolicism）

符号主义的研究出发点是认为人类认知的过程是基于符号逻辑表示和推理，知识利用符号表示，并且采用符号逻辑进行推理，在问题求解的过程中建立基于知识逻辑推理的符号推理系统。

符号主义的理论基础来自数理逻辑，强调模拟人类的逻辑思考和语言推理方式来实现智能问题求解。数理逻辑的研究起源于19世纪末，并且从20世纪30年代开始用于描述智能行为。符号逻辑系统的代表性成果是1957年纽厄尔和西蒙等人开发的数学定理证明程序LT，该程序证明了38条数学定理。符号主义取得的更大成果是专家系统的建立和应用。专家系统通过建立基于逻辑规则的专家知识库，可以在计算机系统中储存和表示特定领域的专家知识和经验，并且能够利用符号逻辑推理进行推理和判断，模拟人类专家的决策过程。

（2）连接主义（Connectionism）

连接主义主要希望通过探索和模拟人脑的神经连接结构和学习记忆机理，来构建计算机系统可以实现的神经网络计算模型与学习算法。类似于人脑的生物神经系统，连接主义提出的人工神经网络模型也是由基本的神经元构成，神经元之间有可以调节的权重。记忆、学习和推理等各种智能行为可以通过大量神经元的相互连接和权重调节来实现。

连接主义的早期研究成果是1943年生理学家麦卡洛克和数理逻辑学家皮茨提出的基本神经元模型即MP模型。人工神经网络的研究先后有两次热潮，第一次是起源于20世纪80年代多层神经网络反向传播学习算法的提出，第二次则是21世纪大数据条件下的深度学习及其应用。

（3）行为主义（Actionism）

行为主义又可以称为进化主义（Evolutionism）或控制论学派（Cyberneticsism），其思想是构建智能体的感知-反射模块作为智能行为的基本单元，多种行为模块的组合和演化学习形成复杂的高级智能行为。

在行为主义的研究中，维纳和麦卡洛克等人提出的控制论（Cybernetics）成为重要的理论基础。控制论建立了信息论、反馈控制理论、逻辑推理以及计算理论的有机联系。行为主义的早期研究工作与现代控制理论的发展密切联系，包括自寻优、自适应、自组织和自学习等控制系统的研究。20世纪80年代，智能控制和智能机器人系统开始加速发展，也成为人工智能的重要研究领域。

美国麻省理工学院罗德尼·布鲁克斯（Rodney.Brooks）教授研制的六足机器人是行为主义的代表性成果，该系统由150个传感器和23个执行器构成，通过基本行为模块的有机组合和自适应，具备了未知环境中的漫游、避障、导航等一系列智能行为。在1991年8月召开的第12届国际人工智能联合会议上，布鲁克斯教授提出了"没有推理的智能"的观点，对传统的符号智能研究提出了质疑，创立了人工智能研究的行为主义新途径。

上述三个人工智能研究学派共同推动了现代人工智能的发展。虽然在人工智能发展的早期，感知器的提出为神经网络的研究奠定了良好的基础。但在1969年发生了变化，麻省理工人工智能实验室的马文·明斯基（Marvin Minsky）教授代表符号主义学派，对连接主义提出了质疑，即单层感知器无法求解抑或（XOR）问题，使得神经网络的研究进入一段低谷期。在20世纪70年代中期，专家系统的出现推动了符号智能的成功应用，但逐渐也表现出知识获取的瓶颈问题和各种局限性。

1982年，美国科学家约翰·霍普菲尔德（John Hopfield）提出了具有学习能力的Hopfield网络，反向传播算法（BP算法）的提出则进一步促进了多层神经网络研究的复兴。20世纪90年代，统计学习理论和支持向量机（SVM）的发展为克服神经网络在小样本条件下的过拟合问题提供了新的理论技术手段。进入21世纪，大数据条件下的深度学习成为AI研究和行业应用的主导。

1.4 人工智能的发展历史

（1）人工智能的孕育期（1949–1956）

在人工智能作为一个学科领域正式建立之前，学术界重点围绕神经网络的基本模型开展探索。早期的一个代表性工作是麦卡洛克和皮茨建立的MP神经元模型，奠定了人工神经网络研究的基础。1949年，赫布提出了神经元学习的"Hebb规则"，这是一种简单的线性神经元学习规则。1950年，香农讨论了利用计算机下棋的思想；图灵则提出了著名的"图灵测试"，对机器智能进行了系统化科学化的论述。

1951年，马文·明斯基（Marvin Minsky）和迪恩·爱德蒙（Dean Edmunds）构建了随机神经网络模拟加固计算器SNARC，能够模拟40个神经元的运行。1952年，塞缪尔开发了第一个计算机下棋程序，1955年推出了具有自主学习能力的跳棋程序，是最早的机器学习程序之一。

1955年8月，人工智能（artificial intelligence）一词首次出现在计划于1956年召开的"达特茅斯人工智能研讨会"而拟定的提案中。1955年12月，纽厄尔和西蒙两位计算机科学家开发了数学定理证明程序Logic Theorist，可以证明《数学原理》一书第二章52条定理中的38条。

（2）人工智能发展的起步阶段（1956–1966）和AI的第一个冬天（1966–1974）

1956年被称为"人工智能元年"，这一年举行了"达特茅斯人工智能研讨会"，出席大会的专家包括麦卡锡、明斯基、罗切斯特、香农、塞缪尔、纽厄尔、西蒙等人工智能领域的先驱。1969年召开的第一届国际人工智能联合会议（International Joint Conference on AI, IJCAI）标志着人工智能成为一门独立的学科领域。

1957年，美国科学家弗兰克·罗森布莱特（F.Rosenblatt）提出了感知机模型Perceptron，该模型具有两层网络结构，可完成简单的视觉处理任务。1958年，约翰·麦卡锡（John McCarthy）发明了Lisp语言，成为当时人工智能领域重要的编程语言。

1959年，亚瑟·塞缪尔（Arthur Samuel）提出了机器学习的概念，即：计算机在没有事先编程指令的情况下，完成一定的学习任务。1961年，第一台机器人Unimate开始在通用电气新泽西工厂试用。1964年，麻省理工学院（MIT）的丹尼尔·博布罗（Daniel Bobrow）在他的博士论文中研究了计算机问题求解系统的自然语言输入，是自然语言理解的早期工作之一。

20世纪60年代初，人工智能的研究进展使得人们对其发展持有非常乐观的态度。卡内基梅隆大学（CMU）的希尔伯特·西蒙（Herbert A. Simon）预言："机器将能够在20年内完成人类可以做的任何工作。"

但是在20世纪60年代之后，人工智能的研究遇到了困难，由于过度乐观和未得到预期进展，AI的各种资助计划开始遭遇批评，使得有关研发投入逐渐减少。20世纪60年代中期到70年代中期的这段时期被称为人工智能的第一个冬天。

（3）专家系统—人工智能研究的回归（1975–1983）

在AI发展的第一次低谷之后，专家系统的产生和发展推动了人工智能的第二次研究热潮。专家系统是符号主义的典型成果，利用符号逻辑来表示人类特定领域的专家知识，利用专家规则的推理来实现问题求解。1965年推出的Dendral系统能够根据分光计读数分辨混合物。1972年设计的MYCIN系统应用于血液传染病的诊断。

1980年，卡内基梅隆大学为DEC公司开发了用于计算机系统配置的专家系统XCON，获得成功的应用，每年节省开支数千万美元。1981年，电子设计专家系统SID（Synthesis of Integral Design，完全设计综合机）完成了93%的VAX 9000 CPU逻辑门的设计，并且SID系统在很多方面的性能上都优于人类专家。人类专家每设计200个门平均有1个错误，而SID系统设计20000个门平均有1个错误。

该阶段以日本的第五代计算机项目为标志，各国加大了人工智能的投入支持力度。日本的第五代计算机项目启动于1981年，目标是造出类人的智能计算机。英国启动了耗资3.5亿英镑的Alvey工程。美国国防部高级研究计划局DARPA也组织了战略计算促进会（Strategic Computing Initiative），加大了智能计算机研究的经费支持。

（4）AI的第二个冬天和缓慢的复苏期（1989–1999）

在专家系统受到狂热追捧之后，AI发展的第二次低谷期发生在20世纪80年代后期至90年代初期。XCON等专家系统维护费用偏高，难以升级，同时普遍存在新知识获取的瓶颈问题，导致各国政府又大幅削减了对AI的资助。

1997年5月，IBM的国际象棋计算机程序"深蓝"击败卡斯帕罗夫。深蓝使用树搜索算法来计算和预测最多20步的走棋策略，利用人工预先编程的值函数来评估策略。

（5）大数据时代的机器学习（2000–）

进入21世纪，随着大数据和高性能计算硬件的发展，机器学习特别是深度学习不断取得方法和技术上的突破，并且推动了人工智能应用市场的发展。2017年AI市场（硬件和软件）已经达到80亿美元，根据国际数据公司（IDC）当年的预测，到2020年以后人工智能市场规模将超过470亿美元。

● **深度学习**

受益于大数据和并行计算技术的发展，由杰弗里·辛顿（Geoffrey Hinton）等首次提出的深度学习逐渐成为一项成功应用于多领域问题的新兴技术。世界各国知名高校、拥有大数据的高科技企业对深度学习的关注度达到了前所未有的高度，不同的深度学习方法在各自领域中得到运用并取得显著成效。纽约大学杨立昆（Yan LeCun）教授提出深度卷积网络LeNet-5进行手写字符识别，准确率达到当时最佳并成功应用于银行支票上的手写数字识别；2012年6月，由斯坦福大学吴恩达（Andrew Ng）和计算机系统专家杰夫·迪恩（Jeff Dean）主导的谷歌大脑计划，采用16000个CPU的并行计算机训练深度神经网络模型，通过投入大量无标签的视频图像进行训练，最终使得网络自动学习掌握"猫"的概念；在2015年GPU技术大会上，Nvidia公司展示了其面向自动驾驶汽车的深度学习应用Drive PX平台，为开发高复杂环境下的自动驾驶应用提供了有力支撑。

以深度学习为代表的人工智能应用的兴起主要依赖于三大要素：海量的数据、强大的计算能力、有效的算法。信息时代的到来生成了海量数据，依赖于强大的计算能力，机器能在一定应用中（如国际象棋）通过搜索技术展示出超越人类的能力。然而仅仅依靠计算能力远远不够，还需要更有效的学习算法以充分利用海量数据来展示更智能的行为。

● **强化学习**

作为一类主要的机器学习方法，强化学习（又称为增强学习或再励学习）不需要监督学习的教师信号，强调学习系统在与不确定环境交互过程中利用评价性反馈实现序贯行为学习和优化控制，并且将序贯优化决策问题建模为Markov决策过程（Markov Decision Process，MDP）。与求解MDP的动态规划方法不同，强化学习不需要MDP的精确模型信息，能够基于观测数据求解MDP的近似最优策略，因此是提高智能体系统对环境适应性和自学习、自适应能力的重要技术手段，是近年来国际机器人学和智能系统领域的研究前沿和热点。

传统强化学习方法的主要任务是使智能体根据从环境中获得的回报，学习到最大化累积回报的行为。然而，强化学习方法需要使用函数逼近技术使得智能体能够学习大规模高维决策问题的值函数或者策略。在这种情况下，深度学习强大的特征学习和函数逼近能力成为替代人工设定特征的重要手段，并为性能更好的端到端学习的实现提供了可能。

● **深度强化学习**

近年来，随着深度网络在特征学习方面表现出的优异性能，并进一步与强化学习相结合，能够在一定程度上自动实现强化学习的特征设计，用于解决序贯决策和控制问题（例如 Atari 游戏、机器人运动控制、路径规划等），能够在仅以反映环境状态的图像为输入的情况下直接学习行为策略，实现从高维输入到近似最优控制动作输出的端到端映射。这种深度学习与强化学习相结合的方法通常也被称为深度强化学习。

深度强化学习方法一般可以划分为两个主要类别，即基于值迭代的方法和基于策略迭代的方法。在基于值迭代的深度强化学习方法中，最具代表性的是由 DeepMind 研究团队提出深度 Q 学习网络，该方法成功用于学习具有人类水平的控制策略学习。随后，多种改进深度 Q 学习网络模型被相继提出。Lange和 Riedmiller 提出深度拟合 Q 迭代算法（deep fitted-q iteration，DFQ）[6]，将堆栈自编码的深度学习模型与 Q 学习算法结合，应用于模拟栅格世界中的路径搜索任务，有力验证了深度特征学习在强化学习问题中的有效性，随后对 DFQ算法进行改进并用于赛车的自主控制[7]；Johannes Günther 等人[8]使用 DNN 与Nexting 时域差分算法相集成，开发了具有自学习自进化功能的激光焊接系统。

尽管目前深度强化学习方法的显示出一定的应用潜力和优势，但是绝大多数深度强化学习方法均以梯度下降参数优化为基础。不管是基于值迭代还是策略迭代，大量的训练和搜索代价往往会带来对并行计算硬件的强烈需求。除此之外，梯度下降的原理本质决定了其无法避免局部极小值和泛化能力难以保证的问题，因而限制了深度强化学习方法性能的进一步提升。另外，深度强化学习在实时控制系统中的应用还处于研究探索阶段，需要进一步研究解决大规模连续空间的快速策略学习与泛化、确保安全性约束条件下的多目标优化协调机制等。

1.5 人工智能的应用

近年来，大数据和深度学习算法、物联网、大规模并行计算的发展，突破了人工智能曾经在软硬件方面的技术局限，人工智能的应用开始广泛深入地进入人类生产生活的各个方面。人工智能技术已在语音识别和机器翻译、机器视觉、生物特征识别。

（1）语音识别和机器翻译

语言是知识和思维的载体，也是人类区别于其他动物的重要标志。自然语言处理研究能够实现人与计算机之间用自然语言进行有效通信的各种理论和方法。人工智能在自然语言处理领域的应用主要包括语音识别、语义分析、人工智能翻译等。语音识别技术就是让机器通过识别和理解过程把语音信号转化为相应的文本或命令的技术。语音识别技术主要包括特征提取、模式匹配准则及模型训练三个方面。语义分析指运用各种方法，学习与理解一段文本所表示的语义内容。深度递归神经网络（Recurrent Neural Networks，RNNs）模型和有关算法已经在实践中被证明在对自然语言处理上是非常成功的，如词向量表达、语句合法性检查、词性标注等，同时可以应用于语言模型与文本生成、文本分类、机器翻译等自然语言处理任务中。

（2）机器视觉

在计算机视觉中，利用智能计算机设备对被采集到的图像信息进行识别与归纳整理。目前，智能识别设备已经能够识别物体的动作、人类眼球以及人类的手势、肢体动作等信息。机器视觉是采用机器代替人眼来做测量与判断，通过计算机摄取图像来模拟人的视觉功能，实现人眼视觉的延伸。通过机器视觉硬件将待检测目标转换成图像信号，传送给图像处理分析系统，得到被摄目标的形态信息，并根据像素分布和亮度、颜色等信息，转变成数字化信号；图像系统对这些信号进行各种运算来抽取目标的特征，进而根据判别的结果来控制现场设备的动作。机器视觉的典型应用场景包括生产车间组装、电子焊接制造、空瓶检测、汽车零部件装配、产品自动化分拣、药品质量检测等。

（3）生物特征识别

模式识别是指通过计算机采用智能算法来实现模式的自动分析和判别。在人工智能系统的开发过程中，一个关键环节就是采用计算机来实现模式的自动识别。人工智能在模式识别中成熟的应用包括指纹识别、人脸识别、虹膜识别、掌纹识别等。指纹识别的基本原理是通过读取指纹图像，分析指纹的全局特征和局部特征，从而确认人的身份；指纹特征识别具有图像易于提取、设备小巧、成本低的优点。人脸识别主要分为两部分：第一部分为前端人脸活体检测技术，在前端通过眨眼、张嘴、摇头、点头等组合动作，确保操作的为真实活体人脸。第二部分为后台人脸识别技术，利用模式特征提取和分类器学习技术，实现对人脸图像对应的身份识别。

（4）智能机器人与机器人学习系统

机器人系统在国民经济中扮演着越来越重要的角色，包括空中、地面和水下的各种机器人系统，甚至无人驾驶汽车，也都可以看作大型的移动机器人系统[5]。在国防领域的各种军用机器人又称为无人作战系统，相对传统的有人作战系统具有一系列的优势，包括隐身性、机动性等。自主性是无人系统和智能机器人发展的重要方向，包括对复杂环境的感知能力、自主决策能力，其中自主学习是提高自主能力关键的技术手段。因为在不确定复杂环境下，许多知识和经验不可能事先进行人工编程，或者人类的知识系统无法完全覆盖，那么就需要机器人通过提高自主学习的能力，解决这些复杂环境所面临的突发问题。

最近研究的一些典型的机器人学习系统，实际上都是通过研究机器人系统的仿人或自主学习，推动机器人的行为决策和操控能力。机器人系统与环境的交互过程和机器人仿真过程中都会产生大量数据，如何利用这些经验数据，形成机器人系统的知识和技能，并且具有举一反三的能力，成为当前机器人学习系统的研究热点。

（5）智能交通

相对于人类驾驶的车辆而言，自主驾驶车辆在以下几方面具有显著优点：（1）环境反应时间短；（2）环境感知精度高；（3）车辆行为可预测。因此车辆自主驾驶技术对于杜绝人为因素导致的交通事故上具有重要的意义。英国和美国的科学家研究分析表明，每一起交通事故均不同程度地涉及驾驶员、汽车和道路环境因素，其中驾驶员的因素是主要的。我国道路交通事故的统计也表明，主要由于驾驶员造成的事故占90%左右。因此，驾驶员失误是发生交通事故的主要原因已被世界各国所公认。驾驶员因素包括违章行为（如酒后驾车、疲劳驾驶、超速驾驶等）、驾驶水平、驾驶员心理因素等。由驾驶员人为因素造成的交通事故，仅仅通过对驾驶行为的规范和教育难以全部克服。应用先进的自主驾驶技术为车辆提供日益完善的主动安全和辅助驾驶功能，逐步实现车辆驾驶的智能化，是解决交通安全问题的根本途径。

未来的交通系统将是基于车—车、车—路信息交互的人、车、路一体化的智能交通系统，它具有对驾驶环境和交通状况全面实时感知和理解能力，其中具备自主规划与控制及人机协同操作功能的自主驾驶汽车是实现未来智能交通系统的关键。智能交通系统主要由三部分组成：地面智能控制中心、地面智能设备和自主驾驶车辆。其中地面智能控制中心负责统筹区域内所有自主驾驶车辆的运行，提供车辆全局路径规划与导航的重要信息；地面智能设备提供详细的环境信息，包括十字路口四端和车道线的位置、交通信号灯工作状况等信息，帮助自主驾驶车辆高精度定位；自主驾驶车辆则实现快速、安全的自主驾驶。

（6）智慧医疗

在医疗领域，人工智能的应用可追溯到20世纪70年代，研究人员开发了具备医学诊断知识的医学专家系统，根据病情和专家规则给出诊断线索，或者提供治疗方案。进入21世纪后，人工智能技术开始大规模应用于医疗领域，包括辅助手术、医学影像分析、医疗机器人等，其中在医疗诊断系统中的影像、病理和皮肤病诊断等方面进展很快。IBM于2015年成立Watson Health，专注于利用认知计算系统为医疗健康行业提供解决方案。该机构通过和一家癌症康复中心合作，对大量临床知识、基因组数据、病历信息、医学文献进行分析建模，建立了基于深度学习的临床辅助决策支持系统。2016年10月，百度正式对外发布百度医疗大脑，通过海量医疗数据、专业文献的采集和分析，模拟医生问诊流程，给出诊疗建议。人工智能医疗系统的应用还包括医疗机器人、传送药物的纳米机器人等。医疗机器人可分为手术机器人、康复机器人、行为辅助和仿生假肢机器人等。其中，市场销售份额最大的是手术机器人，占全球医疗机器人的60%以上。

（7）智慧金融

人工智能目前在金融投资领域和服务领域的应用较多。在金融投资领域，人工智能有智能投资顾问、投资预测、等级测评等多个方面的应用。智能投资顾问是指应用人工智能技术来分析投资的决策建议。这类应用目前得到越来越多的关注。在国内，2016年招商银行推出的"摩羯智投"获得快速发展，目前规模已逾50亿元。在投资预测方面，人们利用人工智能分析海量历史数据并形成预测模型，为投资者提供更科学的投资信息，以规避风险和扩大收益。在等级测评方面，人工智能也显示了其优越的性能。在金融服务领域，人工智能有身份识别和智能客服等方向的应用。将人工智能应用到电子商务的客服领域，将有效减少电子商务带来的巨大客流压力，不仅在沟通远程客户方面节约了大量人力成本，也为客户带来了更好的服务体验。

（8）智能家居

在越来越注重生活质量和个人体验的时代，智能家居已成为未来家居领域的发展趋势。将人工智能技术与家居生活深度融合将产生巨大的经济效益和社会价值。根据市场研究公司IDC的全球智能家居设备季度跟踪报告显示，在2019年，全球智能家居设备市场的出货量预计将同比增长26.9%，达到8.327亿台，智能家居市场有望实现两位数的增长。人工智能在家居领域主要有四大典型应用：1）智能家电。通过人工智能技术丰富家用电器的功能，具有更多的适应客户需求的能力。2）家居智能控制平台。通过开发完整的智能家居控制系统或控制器，使得居住者能够实现对室内的门、窗和各种家用电子设备进行智能化控制或调节。3）智能家庭安全监测系统。通过利用智能传感器技术保障用户自身和家庭的安全，对用户健康、幼儿和宠物进行监测，此类型的人工智能应用模式数量最多且融资情况相对较好。4）家用智能机器人。人工智能在家用机器人中的应用形态包括陪护、保洁、对话聊天等。随着人机交互技术的发展，智能家用机器人正在逐步走向成熟、进入人们的日常生活。

参考文献

[1] Stuart J. Russell, Peter Norvig.Artificial Intelligence: A Modern Approach（3rd Edition）[M].Pearson Education, Inc, 2010.

[2] Stuart J. Russell, Peter Norvig 著，殷建平，祝恩等译.人工智能— 一种现代的方法（第3版）[M].清华大学出版社, 2013.

[3] 蔡自兴，刘丽珏，蔡竞峰著.人工智能及其应用（第5版）[M].清华大学出版社，2016.

[4] 徐昕著，增强学习与近似动态规划 [M]，科学出版社，2010.

[5] 沈林成，徐昕等主编，移动机器人自主控制理论与技术[M]，科学出版社，2011.

[6] Lange, S. and M. Riedmiller, Deep Auto-Encoder Neural Networks in Reinforcement Learning [C]. International Symposium on Neural Networks, 2010.

[7] Lange, S., M. Riedmiller, and A. Voigtlander. Autonomous reinforcement learning on raw visual input data in a real world application. in International Joint Conference on Neural Networks [C]. 2012.

[8] Günther, J., et al., First Steps Towards an Intelligent Laser Welding Architecture Using Deep Neural Networks and Reinforcement Learning [J]. Procedia Technology, 2014. 15: p. 474-483.

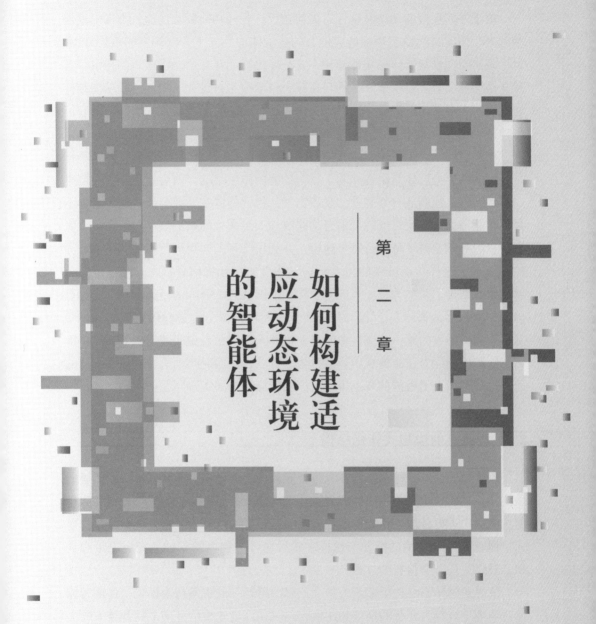

第二章　如何构建适应动态环境的智能体

　　由于外部环境的动态复杂性，如何在设计各种功能模块的这一方面的发展基础上、构建具有动态环境适应能力的智能体成为人工智能研究的重要方面。目标是研究探索智能体的功能结构，充分发挥智能体各个功能模块的特点，实现复杂问题求解和对动态环境的自适应、自学习与自进化。智能体的功能结构通常也称为智能体系统的体系结构，描述了智能体各个组成部分之间以及它们与外部环境交互的功能关系和信息流程，是分析和设计智能体系统的基本依据。在早期的研究工作中，主要提出了两类不同的智能体体系结构，即基于符号表示的功能分层体系结构和基于行为分解的体系结构。前者通常又称为慎思式体系结构，强调从符号智能的观点出发，将智能体按功能分层，底层基本不具备智能特性，仅仅完成环境信息的获取和上层命令的执行，高层则在接收底层信息的基础上对环境进行符号建模，并利用已有的知识进行推理和决策。图2.1.1表示了这种功能分层的体系结构与环境的交互和信息流程。基于行为分解的体系结构，又称为反应式体系结构，强调从人工智能的行为主义学派观点出发，将机器人系统分为若干并行的行为模块，每个行为模块直接与环境交互，完成机器人的某一功能。由于移动机器人特别是自主式移动机器人对环境的感知和适应能力往往体现出智能行为的特点，因而对移动机器人体系结构的研究也基本从人工智能的观点出发来探索智能行为的实现问题。

2.1　智能体的慎思式体系结构

　　智能体的慎思式体系结构在人工智能和机器人学早期的研究中得到普遍的关注，其主要思想是将智能体或者机器人的功能按照感知、决策、规划和执行的功能层次进行分层，智能体对环境的响应或者信息处理过程是一种串行的形式，即首先进行环境的感知与建模，然后在环境建模的基础上完成决策和规划，最终实现行为执行的过程。

　　慎思式的体系结构类似于人类"三思而后行"的决策行为模式，强调智能体对环境进行较为充分的描述和建模，同时在环境建模的基础上具备类人的决策、规划和行为控制能力。20世纪60年代，美国斯坦福大学开发的Shakey机器人系统就采用了智能体的慎思式体系结构，该机器人系统包括摄像机、距离传感器、碰撞传感器等环境感知设备，设计了感知、规划和执行三个模块。感知模块，主要利用视觉传感器获得环境的描述，并且把视觉感知的信息融合到机器人系统的内部模型中；在感知融合的基础上，规划模块生成从当前位置到目标位置的路径；执行模块则根据规划模块输出的路径和机器人当前的位置，实现对机器人系统运动执行机构的控制，如实现指定的运动速度和方向等。

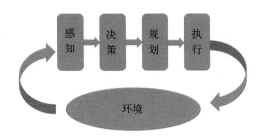

图2.1.1　智能体的慎思式体系结构

图2.1.1给出了一个机器人导航问题的实例，智能体首先要通过传感器和地图信息获得对环境和自身位置的描述，然后根据任务和目标点位置来决策和规划自身的运动路径，最后通过行动执行模块来实现对指定路径的跟踪，并且适应环境的动态变化。为实现上述导航任务，采用慎思式体系结构的智能体主要包括如下功能模块：

感知模块利用机器人系统的摄像机、激光雷达、里程计等传感器对机器人的外部环境和自身位置进行感知和估计，形成用于导航的全局地图和局部地图。如图2.1.2所示，第一行的三幅图像显示了机器人视觉传感器获得的局部环境图像，构成了机器人导航的动态局部场景。

判断模块属于机器人导航软件的一部分，主要根据感知模块获得的环境描述确定自身的状态和任务目标之间的关系，在任务层面完成态势的判断和全局的规划。例如图2.1.2第二行的三幅图像就是根据全局地图和定位传感器形成的全局任务图，用于实现全局路径规划等功能。

决策模块对应于机器人导航系统的局部运动规划等功能，用于完成基于局部传感器的实时决策和局部运动规划，实现动态避障、局部操控的实时规划等能力，输出行为控制模块的期望指令。

机器人的行动模块主要根据决策模块输出的期望运动指令，完成对机器人执行机构的实时反馈控制，包括对速度电机、方向电机以及操控机构的实时运动控制。

基于以上慎思式体系结构，机器人系统在每个控制周期内，根据实时获取的环境信息，完成从感知到判断、决策到行动的串行流程，因此每个模块的执行周期对于整个系统的快速性和实时性都有较大影响。

图 2.1.2　基于慎思式体系结构的移动机器人导航任务实例

2.2　智能体的反应式体系结构

　　智能体的反应式体系结构借鉴了生物体的"条件反射式"行为模式，强调从感知信息到行为执行的直接映射。以移动机器人为例，图 2.2.1 所示为一个典型的面向移动机器人导航的反应式体系结构，包括左转避让障碍、右转避让障碍、绕墙行走、停止等基本行为模块。各个行为模块都可以完成从环境感知信息到动作执行的映射，而行为选择模块则确定在不同条件下激活并执行某个基本行为模块。

图 2.2.1　智能体的反应式体系结构示例

反应式体系结构在基于行为的机器人学和人工智能的行为主义学派得到了广泛的研究。其中早期的工作是美国麻省理工学院的罗德尼·布鲁克斯（Rodney Brooks）提出的行为主义思想[1]，后续在多种机器人系统中得到了研究和应用。基于反应式行为模块的机器人系统具有设计简单、实时性强的优点，但如何实现行为模块的协调、优化系统的性能是需要进一步解决的问题。为实现移动机器人系统对环境的适应性，并且具备对不确定环境的优化能力，基于增强学习的反应式导航方法在学术界得到研究和关注。基于增强学习的反应式导航控制模块主要包括行为选择模块、基本行为模块和增强学习算法模块。其中行为选择模块根据传感器的状态信息进行基本行为模块的选择，基本行为模块可以包括若干避碰命令和目标导向命令等，增强学习算法模块则通过获取状态和环境的评价性反馈信息，实现行为选择策略的优化。系统的基本功能示意图如图2.2.2所示。

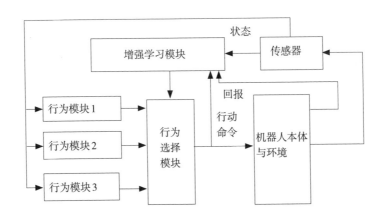

图2.2.2 基于学习的机器人反应式导航系统

在上述基于增强学习的反应式导航系统中，回报函数的设计具有一定的灵活性，通过适当地选择回报函数，能够体现导航系统的性能优化指标，如时间最短、能量最小等。考虑如图2.2.3所示的移动机器人感知系统，该系统具有7个红外传感器IR1—IR7和位置传感器。红外传感器的测量数据为二值信号，0表示无障碍物，1表示有障碍物。每个红外传感器的测量距离相同，均为d，探测角度均为15度。7个红外传感器均匀布置在机器人前方-45°至45°的范围内。

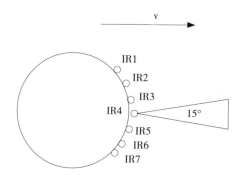

图2.2.3 具有红外传感器的移动机器人感知系统

　　如图2.2.4所示为一个移动机器人学习导航的平面仿真环境，Robot为移动机器人系统，Goal为目标位置，其余圆形物体为随机生成的障碍物，其大小和位置在一定范围内随机变化。移动机器人学习导航系统采用混合式的体系结构，其行为模块包括路径规划模块和反应式避碰模块等。为实现移动机器人在未知环境中的避碰和导航，采用基于强化学习的导航算法QNav[2]，在经过一定次数的学习后，移动机器人系统已具有良好的避障和绕障能力图2.2.6所示为完成一定学习周期后移动机器人的导航轨迹。

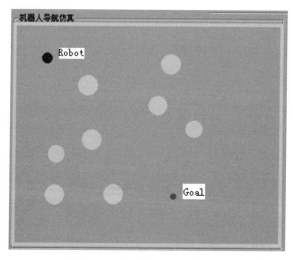

图2.2.4 移动机器人导航仿真环境

　　仿真中采用基于强化学习的导航算法，系统状态由7个红外传感器的测量信号组成，共有128个状态；系统的行为集合包括5个元素，即4个反应式避障行为和一个路径规划模块。将机器人由初始位置出发，到达目标位置或与障碍物发生碰撞作为一个学习周期。在每个学习周期中，机器人的初始位置、目标位置和环境中的障碍物大小和位置均随机生成。导航环境中的障碍物位置和大小在每次学习周期结束后随机生成，以提高学习系统对不同环境的适应性。

　　在仿真研究中，以连续50次学习周期内机器人成功到达目标的比率作为学习导航系统的性能评价指标，仿真中总共进行了250个学习周期的迭代计算。图2.2.5中的直方图显示了系统性能的变化情况。由图2.2.5可知，在经过250个学习周期后，导航控制算法的成功率已由初始的30%提高到90%以上，由算法迭代计算得到的Q函数和相应的行为控制策略已能有效地实现移动机器人在不确定环境中的导航控制，图2.2.6显示了经过250个学习周期后机器人导航的轨迹。

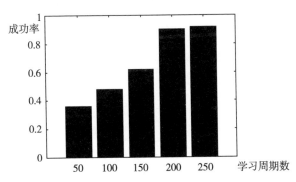

图2.2.5　机器人学习导航的成功率变化直方图

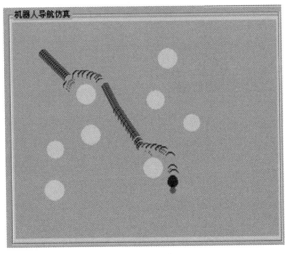

图2.2.6　经过250个学习周期后机器人导航的轨迹

2.3　智能体的混合式体系结构

智能体的混合式体系结构则结合了慎思式体系结构和反应式体系结构的特点，同时具备反应式行为模块和感知、判断、决策和行动的层次式结构，智能体可以根据不同的环境特点在两种模式之间进行切换。在环境信息获取比较充分、具有一定的先验知识的条件下，可以采用慎思式体系结构来实现智能体与环境的有效交互，并且满足实时性和适应性的要求；在遇到一些意外场景或者环境不确定性强的情形，则可以切换到反应式的行为模块，完成应急避让等强实时性的局部任务，在这些场景条件下，并不需要智能体对环境进行充分的建模、理解和推理决策，而通过直接激活某些行为模块来完成任务。图2.3.1所示为一类混合式智能体的体系结构，在系统中既具备了从感知、决策到规划和执行的OODA串行结构，也具备了直接从环境信息到行动的反应式行为模块，因此更加有利于使得智能体具备复杂环境适应能力，发挥两类不同体系结构的优点。

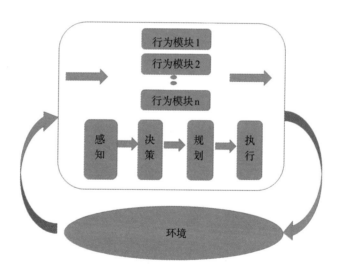

图2.3.1　混合式的智能体体系结构

2.4　自主智能体系统的构造实例

本节将结合车辆智能驾驶系统和自主网络安全防御系统两个智能体系统的实例，来介绍自主智能体系统的体系结构及其构造原理。

2.4.1　车辆智能驾驶系统

车辆智能驾驶系统是智能汽车的核心部分，它能综合利用所具有的感知、决策和操控能力，在特定的环境中，可以代替人类驾驶员，独立执行车辆驾驶任务。对于人类驾驶的车辆而言，智能驾驶车辆在以下几方面具有显著优点：（1）环境反应时间短；（2）环境感知精度高；（3）车辆行为可预测。因此车辆智能驾驶技术对于杜绝人为因素导致的交通事故具有重要的意义。

图2.4.1.1所示为一辆智能驾驶汽车，其智能驾驶系统通常采用慎思式体系结构或者混合式体系结构。系统具备激光雷达、摄像机、惯性定位系统、毫米波雷达等传感器，作为环境感知系统的传感器部件；同时还安装了智能驾驶软件的实时计算机系统，能够获取环境感知系统的传感器信息，并且可以发出控制指令，实现对车辆油门、刹车、方向盘的实时反馈控制。

图2.4.1.1　智能驾驶汽车

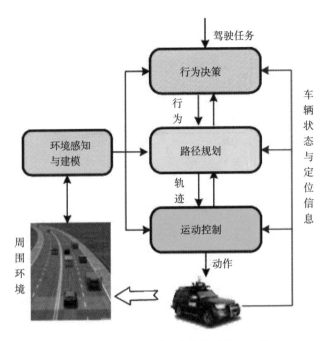

图2.4.1.2　智能驾驶系统的典型体系结构

　　典型的智能驾驶系统体系结构如图2.4.1.2所示，该系统设有环境感知与建模、驾驶行为决策、路径规划和运动控制等功能模块。在系统的每个控制周期，环境感知与建模模块根据传感器获得的多源信息进行融合建模和语义理解，包括对道路标识标线、车辆、行人、交通标志和交通信号等的检测、识别和理解等；行为决策模块在环境建模和理解的基础上进行驾驶行为的决策，包括保持车道、变换车道、加速超车、减速停车等；路径规划模块根据行为决策的结果和车辆的运动学或动力学特性，规划未来一段时间周期内的车辆行驶路径或者行驶轨迹。

　　车辆智能驾驶系统的环境感知和建模模块面临着各种复杂交通环境和复杂天气条件下的目标识别与理解难题。近年来，随着人工智能、模式识别和计算机视觉技术的发展，特别是深度学习技术的快速进步，车辆智能驾驶系统的环境感知与理解能力得到了大幅的提升，但仍然还有一系列挑战性课题需要研究和解决。图2.4.1.3所示为典型的交通标志识别任务，可以看出各种交通标志图像存在背景和光照变化大、污损噪声比较多的情况，这对基于图像的交通标志识别算法提出了挑战。

图2.4.1.3　交通标志识别的典型任务

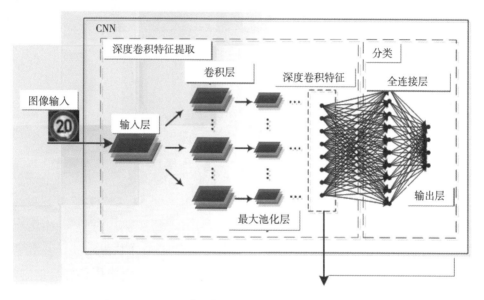

图2.4.1.4　用于交通标志识别的一类深度神经网络结构

近年来，基于深度学习的交通标志识别技术已经取得了快速的发展，识别精度和可靠性也得到了不断提升。如图2.4.1.4为一类用于交通标志识别的深度神经网络结构，该结构的特点是利用多层卷积神经网络提取图像的多层局部特征，可以有效实现目标特征的自动提取，在输出层则实现对目标的分类识别。神经网络的权值可以利用基于识别误差的反向传播学习算法来进行优化调整，以极小化识别分类误差为目标。深度学习技术还被广泛应用于车辆智能驾驶系统的多种动态目标检测、识别和跟踪任务上，例如图2.4.1.5所示为智能驾驶系统的车辆检测、识别和跟踪任务。图中的红色矩形框代表了检测和跟踪算法对运动中的车辆进行了有效处理，可以对车辆的运动速度、位置进行估计，为智

图2.4.1.5 智能驾驶系统的车辆识别任务

能驾驶系统的行为决策模块提供信息支持。

图2.4.1.6为智能驾驶系统行为决策模块在结构化道路中的状态表示示意图。图中的行为决策模块利用环境感知系统获得了其他车辆信息，如位置和速度等，形成本车周围的环境状态模型。在结构化道路环境中，车辆的驾驶行为决策包括保持当前车道跟车、变换车道、加速超车和减速停车等典型任务，行为决策的输出需要考虑交通规则、对其他车辆运动趋势和意图的判断、本车的运动学特性等，决策的优化目标也包括多个层面的目标。首先是驾驶的安全性，也就是确保本车在行驶过程中始终与其他车辆保持安全车距，避免出现危险的情形；另外，驾驶行为决策也要考虑智能车本身的平顺性和快速性，行为决策不能过于保守，如一直处于保持车道状态，不能在合适的时机完成变道超车行为决策和运动控制等。

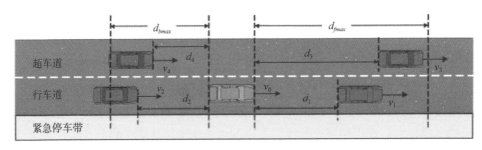

图2.4.1.6 智能驾驶系统行为决策模块的状态表示

　　采用慎思式体系结构的车辆智能驾驶系统在驾驶行为决策的基础上，其规划模块将根据车辆的局部感知信息和车辆自身的运动特性，规划输出合理的运动路径或者运动轨迹，以输出到运动控制模块，实现对车辆速度和方向的实时反馈控制。

　　车辆的规划和动作控制模块通常都要考虑车辆的动力学特性，对车辆的动力学进行建模和估计是实现高性能驾驶控制系统的基础。由于车辆动力学特性的复杂性，传统的机理模型往往很难准确描述车辆的动力学性能，因此采用数据驱动的方法对车辆动力学性能进行建模已成为近年来的研究热点。

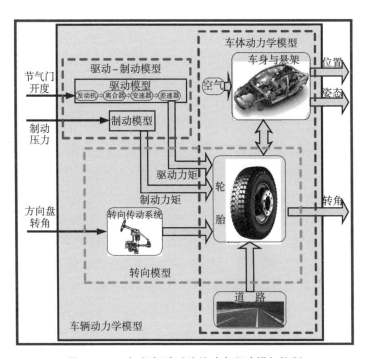

图2.4.1.7　智能驾驶系统的动力学建模与控制

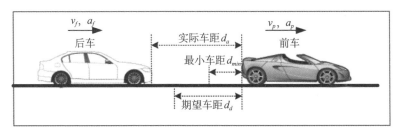

图2.4.1.8　智能汽车的自主编队控制

如图2.4.1.7所示为车辆智能驾驶系统的动力学建模与控制原理示意图。为实现对车辆期望运动轨迹的高性能控制，需要对车辆的纵向动力学即加减速特性和侧向动力学进行有效建模，包括对轮地关系的估计等。图2.4.1.8所示为智能汽车的自主编队控制任务就需要对车辆的纵向动力学特性进行有效利用，在此基础上进行控制器的优化设计，实现在动态条件下对期望车距的高精度保持。

2.4.2 自主网络安全防御系统

计算机网络的普及在推动人类社会向信息化时代迈进的同时，也带来了日益严重的安全问题。根据美国计算机应急响应组和协调中心（CERT/CC）的统计报告，近年来发生的计算机安全事件每年都呈现出了两倍以上的增长趋势。针对日益严重的计算机网络安全问题，信息安全理论与技术的研究得到了学术界、政府和企业界的普遍重视，并且取得了重要的研究进展。早期的信息安全理论和技术主要属于静态防御范畴，包括防火墙、身份认证、设置密码等。静态防御技术虽然能够在一定条件下防止网络攻击的发生，但在以Internet为代表的网络技术和系统的推广应用过程中，由于普遍采用的TCP/IP协议的开放性和不断出现的操作系统与应用软件的安全漏洞，以及黑客攻击手段的不断变化发展，都使得传统的静态网络安全防御方法难以适应动态、复杂的网络攻防环境。为克服静态安全防御技术存在的弱点，近年来，以入侵检测（Intrusion detection）为核心的动态安全理论和技术的研究成为信息安全领域的研究热点。与单纯的静态安全防御不同，基于入侵检测的动态安全防御系统能够在静态安全防御技术失效时对入侵行为进行检测和响应，使信息网络的损失尽量降低，并且尽可能地对攻击者进行跟踪和反击。上述以入侵检测为核心的动态安全防御体系具有类似于传统战争理论中"纵深防御"的特点。因此，1998年美国国家安全局（NSA）制定的《信息保障技术框架》（IATF）中，明确提出了信息网络的"纵深防御"策略。目前，信息网络纵深防御体系的相关理论和技术已成为各国信息安全研究的核心内容。

为实现具有纵深防御特点的信息安全防御体系，需要解决信息网络的安全监管和预警、大规模分布式网络的入侵检测和响应、安全性评估等一系列关键问题。针对上述问题的研究虽然取得了若干进展，但由于信息网络的大规模、分布式和动态变化的特性，使得现有的理论和技术还不能很好地适应面向大规模复杂信息网络的纵深防御要求，同时安全系统自身的复杂性也难以得到有效控制。如何建立能够适应大规模复杂信息系统需求的信息系统纵深防御体系是当前信息安全领域需要探讨的一个重要课题。

自主计算（Autonomic Computing）的思想由IBM的保罗·霍恩（Paul Horn）在2001年向美国工程院发布主题演讲时首先提出的，其目标是实现复杂信息系统的自主管理和自主维护。在自主计算系统中，采用多个具有局部反馈的自主单元（Autonomic Element）自主完成特定的管理和配置任务，整个自主系统表现为既彼此联系又具有一定层次结构的自主子系统的集合，每个自主子系统往往由自治的、相互间存在交互的构件组成，而这些构件又在更低的层次上由若干自治的交互构件构成。上述自主计算的思想为解决复杂信息系统的管理、优化和维护提供了一条新的思路和途经。

下面介绍一种具有慎思式反馈体系结构的信息系统自主安全防御系统结构，即利用具有多层反馈的自主子系统来实现对安全策略配置、性能优化和自身安全性的自主管理。

自主计算系统由多个相对独立并且具有层次性的自主子系统即自主单元构成，每个自主单元由自主管理器和被管理单元构成一个智能控制回路。图2.4.2.1所示为一个具有控制回路的自主单元的功能结构。其中，被管理单元具有传感器和效应器，可以是单个的资源单位如一个数据库服务器，也可以是多个资源单位的集合。自主管理器以知识库为核心，具有监控、分析、规划和执行等四个主要功能模块。其中监控模块主要实现对自主子系统状态的收集和管理；分析模块采用机器学习和控制理论等相关学科的理论和技术来实现对环境状态的建模、预测和相关分析；规划模块则基于策略知识进行行为选择，以实现对目标的优化；执行模块为行为策略的实时执行提供相应的保障机制。

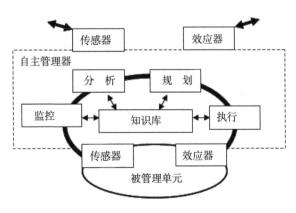

图 2.4.2.1　自主管理器与被管理资源构成的控制回路

在图2.4.2.1中，自主管理器也具有自身的传感器和效应器，用于与其他自主管理器进行各种方式的交互，如P2P（Peer-to-peer）方式或者结构化（Hierarchical）方式等。大量具有图2.4.2.1所示结构的自主单元通过交互协同构成自主计算系统，从而有效地完成对大规模复杂信息的管理和维护，并且具有以下四个特性：

自配置（Self-configuration）：即软件系统根据设定策略自动适应动态变化环境的要求；

自优化（Self-optimzing）：即根据应用需求自动调整各种资源和控制参数；

自防护（Self-protecting）：能够自主预测、实时辨识和对抗恶意的攻击行为；

自修复（Self-healing）：即信息系统在出现故障时能够自主发现、诊断故障和对故障进行应急响应。

为实现自主计算系统的上述特性，以及自主管理器之间的协同，各个自主管理器需要以知识库为核心具备若干共同的能力，如问题解决方案、状态辨识、自动监控、复杂信息分析和基于策略的管理等。

自主计算系统在成为大规模复杂信息系统管理和维护设计框架的同时，其基本特点也为信息系统的安全防护体系设计提供了新的思路。结合纵深防御安全防御体系的发展需求，以及自主计算系统的有关研究成果，可建立面向自主计算的信息网络纵深防御体系，即采用具有多层自适应反馈的纵深防御体系结构，通过各个安全防御自主子系统的协同实现信息网络在动态、复杂网络攻防环境中的强生存能力。

面向自主计算的纵深防御体系的一个基本出发点是变追求"绝对安全的系统"为追求"安全性可自主（Autonomic）改善的系统"，即由若干具有反馈自适应机制和自主防御/反击能力的子系统构成，所有子系统之间也按照一定自适应反馈机制构成具有纵深防御特点的信息系统自主防御体系。

自主防御体系的基本能力主要包括：自主发现系统安全隐患并修复的能力；自主实施系统行为监管的能力；自主实施入侵检测、预警和响应的能力；自主实施灾难恢复和自我拯救的能力；自主实施反制攻击者的能力；自主评估系统安全性的能力；自主改善自身安全性的能力，等等。信息系统自主防御体系具有上述基于多层反馈的自主计算系统的特点，由多个面向不同功能需求的自主子系统构成，主要包括：自主安全监管和预警子系统、自主入侵检测子系统、自主响应和安全恢复子系统，以及安全性自主评估和验证子系统等。

图 2.4.2.2 所示的多层信息反馈结构采用了与控制系统理论相同的信息反馈原理，各个子系统都具有直接或间接与环境的信息交互和自适应反馈机制。同时，安全性自主评估子系统具有相对重要的地位，即对其他子系统的性能进行局部或整体评价，以实现各个子系统自身的以及整个自主安全防御体系的自适应动态优化。

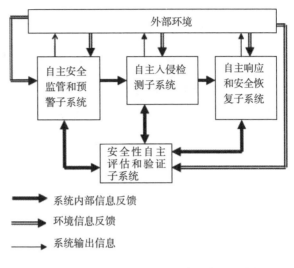

图 2.4.2.2　自主防御体系的多层信息反馈结构

上述自主防御体系的思想强调复杂计算系统的各个子系统在基于环境信息反馈的基础上具有自主管理、自主规划、自适应和学习、自主故障修复等能力，并且各个子系统之间构成更高层次的信息反馈机制，从而形成基于多层反馈的复杂系统自主计算能力。下面以分布式自主入侵检测系统为例，详细讨论自主计算系统在信息网络纵深防御体系中的应用和结构特点。

2.4.3　自主入侵检测系统设计实例

入侵检测与响应技术在动态安全防御体系中具有重要的地位，为实现纵深防御提供了关键机制。近年来，针对大规模网络的分布式入侵检测系统成为研究的热点。目前有关分布式 IDS 的研究虽然取得了一定的进展，但分布式入侵检测系统的协同机制、对环境变化的自适应性能等还没有得到有效解决。下面在面向自主计算的纵深防御体系的基础上，给出一个具有自主计算结构的分布式入侵检测系统的设计实例，从而为解决上述问题提供系统设计的基本框架。

具有自主计算结构的分布式入侵检测系统由许多具有独立功能结构的入侵检测与响应子系统构成，每个入侵检测与响应子系统构成一个自主管理器，并且与对应的被管理单元一起成为一个具有智能控制回路的自主单元，如图 2.4.3.1 所示。在图 2.4.3.1 所示的自主入侵检测子系统中，知识库（Knowledge）具有核心作用，用于存储和记忆入侵检测系统的各种策略知识，包括检测策略

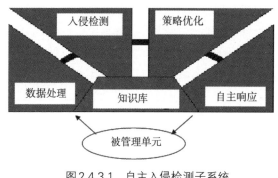

图2.4.3.1　自主入侵检测子系统

（异常检测或者误用检测）、各种检测模型（系统正常行为模型、误用特征模型等）和其他相关协调策略等；数据监控和处理模块（M）用于对传感器的原始数据进行预处理和管理；入侵检测模块作为自主管理器的分析功能模块，完成对数据的分析和入侵模式的判别；策略优化模块采用机器学习、智能规划等有关技术实现自主管理器的策略优化，以适应变化环境的需求；自主响应模块则用于根据有关策略确定针对入侵行为的响应。

在面向大规模网络的分布式自主入侵检测系统中，大量的自主子系统通过其传感器和效应器进行交互，并且形成层次结构，如图2.4.3.2所示。

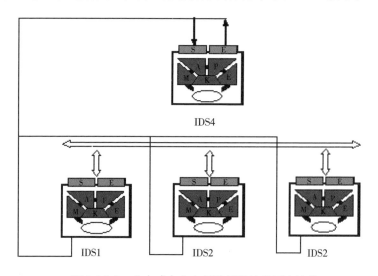

图2.4.3.2　分布式自主入侵检测系统的层次结构

在图2.4.3.2所示的分布式自主入侵检测系统中，每个自主子系统都具有自主单元的基本结构，即包括针对入侵检测与响应任务需求的自主管理器和对应的被管理信息单元，其中自主管理器具有知识库（K）、监控模块（M）、分析模块（A）、规划模块（P）和执行模块（E），与被管理信息单元通过入侵检测

/响应构成智能控制回路。图2.4.3.2中的IDS1-3属于同一层次的自主单元，而IDS4则作为更高层次的自主单元，对IDS1-3起到一定的组织协调作用，并且IDS1-3也能够通过传感器和效应器进行同一层次的信息交互和协同。

为实现上述面向自主计算的纵深防御体系，需要结合信息安全防御系统的特点，研究基于自主计算结构的智能化安全防御理论和技术。相关的关键理论和技术主要包括：基于分布式智能体技术的网络监管和预警系统、相关的分布式网络智能监控和大规模数据智能分析预测的理论和方法，以及分布式智能监控的软件模型；研究和实现用于大规模分布式网络的智能自适应入侵检测和响应一体化系统，提出相关的代价敏感模型和智能学习优化理论和方法；面向智能化、强生存性信息系统攻防对抗体系的安全评估理论，研究和实现有关的安全验证工具，为计算机网络攻防对抗系统的安全评估和增强与改进提供有力的理论和软件工具。

上述面向自主计算的纵深防御体系基础研究涉及多个研究领域，需要计算机网络、分布式软件理论和模型、人工智能、复杂性科学、系统工程等多个学科的交叉综合。目前，国内外正在开展的有关研究工作也在若干方面为建立面向自主计算的纵深防御体系提供了理论和技术基础。

在智能化纵深防御体系的研究方面，美国DARPA提出了下一代信息系统的攻防对抗体系——OASIS，即基于有机整合安全性和生存性的信息系统（Organically Assured and Survivable Information System）。该体系强调了网络状态的实时监控、入侵条件下的分布式、智能入侵检测和自主响应、新的安全评估和验证体系，目标是利用多种安全防护功能的有机整合实现入侵条件下关键军事信息设施的可生存性。OASIS体系在动态安全防护体系的基础上，进一步明确了计算机网络攻防的智能化"纵深防御"和信息系统的可生存性。

近年来国内对计算机网络安全理论和技术方面也开展了大量的基础研究工作。国家自然科学基金委员会于2001年开始设立网络与信息安全重大研究计划。在该计划中，除了对互联网、宽带物理承载网络、网络应用与管理等下一代互联网的基础理论和技术进行资助外，针对信息安全领域的秘密共享技术、入侵检测、复杂性理论在网络安全中的应用、密码算法的攻击方法和技术等问题也已经开展了大量研究工作。其中的入侵检测、复杂性理论的研究工作基本也体现了由第二代基于入侵检测的动态安全体系向新一代智能化纵深防御安全体系的发展趋势。

参考文献

[1]   Stuart J. Russell, Peter Norvig.Artificial Intelligence: A Modern Approach（3rd Edition）[M].Pearson Education, Inc2010.

[2]   Stuart J. Russell, Peter Norvig 著，殷建平祝恩等译.人工智能— 一种现代的方法（第3版）[M].清华大学出版社,2013.

[3]   蔡自兴，刘丽珏，蔡竞峰著.人工智能及其应用（第5版）[M].清华大学出版社，2016.

[4]   徐昕著，增强学习与近似动态规划 [M]，科学出版社,2010.

[5]   沈林成，徐昕等主编，移动机器人自主控制理论与技术 [M]，科学出版社，2011.

[6]   Lange, S. and M. Riedmiller, Deep Auto-Encoder Neural Networks in Reinforcement Learning [C]. International Symposium on Neural Networks, 2010.

[7]   Lange, S., M. Riedmiller, and A. Voigtlander. Autonomous reinforcement learning on raw visual input data in a real world application. in International Joint Conference on Neural Networks [C]. 2012.

[8]   Günther, J., et al., First Steps Towards an Intelligent Laser Welding Architecture Using Deep Neural Networks and Reinforcement Learning [J]. Procedia Technology, 2014. 15: p. 474-483.

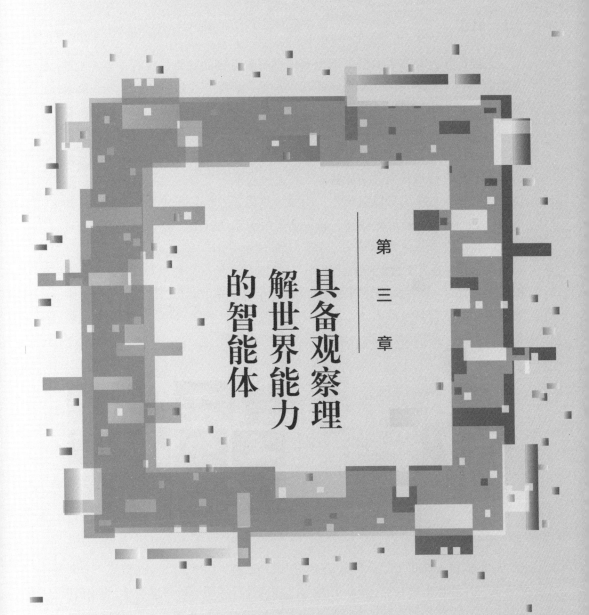

第三章

具备观察理
解世界能力
的智能体

3.1 引言

人类的智能与其看到的外部世界信息有着直接的联系。没有外界视觉信息的刺激，人类不可能达到现在的智能水平。想象一个刚出生的幼儿，倘若其没有视觉能力，只能通过触觉、味觉或者听觉去感知世界，即便他拥有正常的大脑也很难拥有高级的智能。眼睛能够为人类提供重要的信息，是我们获取外界信息的重要来源，而视觉感知系统正是智能无人系统的眼睛。具体地说，视觉感知是研究如何让智能无人系统获取和理解视觉数据的科学。这类视觉感知也被称为计算机视觉，简而言之就是：给一幅或者多幅图像，让机器理解图像里面有哪些物体、物体之间的关系是什么、图像所在的场景具有哪些属性等。

视觉感知是人工智能的关联学科，人工智能主要研究使机器掌握学习、知识推理的能力，而视觉感知则主要负责视觉信息的获取和分析。随着近些年来视觉感知的研究不断深入，人们逐渐意识到，视觉感知不只是一个简单的任务，它涉及大量与语义分析、场景理解相关的高级智能。

图 3.1.1 狗类在图像中的多种表现形式

让智能体看懂世界是非常困难的。以识别为例，如图 3.1.1 左侧所示，狗类的图像在计算机里被存储成为一组数字。如何让计算机分析这组数字，理解其中的内容，这就是视觉感知的研究内容。视觉感知的困难之处在于：狗类的图像往往以不同的表现形式出现。如图 3.1.1 右侧所示，狗类包括多个不同的品种，并且可能出现在图像中的任何位置。此外，图像还可能受到光照、遮挡、背景等因素的影响。因此，计算机读取到的狗类图像的像素点可能是多种多样的，这给视觉感知带来了一定的挑战。视觉感知的主要任务就是从复杂的图像中总结归纳其中的一致规律，并进行推理分析，这需要计算机具有非常高级的智能水平。

虽然让智能体看懂图像有诸多挑战，但近些年来，随着大数据时代的来临，图像、视频等数据的数量呈井喷式增长，智能视觉感知与理解研究获得了大量的数据和算法支撑，视觉感知技术取得了长足的进步。传统的计算机视觉系统的主要目标是从图像中提取特征，包括边缘检测、关键点检测、前景分割等子任务。根据输入图像的类型和质量，不同的算法执行的成功程度不同。最终，整个系统的准确性取决于提取特征的方法。提取特征的主要问题是需要告诉系统在图像中该寻找哪些特性。本质上，假设算法按照设计者的定义运行，所提取的特征是人为设计的。在实现中，算法性能差可以通过微调来解决。但是，这样的更改需要通过手工完成，并且针对特定的应用程序进行硬编码，这对高质量计算机视觉算法的实现造成了很大的障碍。深度学习的出现解决了这一问题。当前，深度学习系统在处理一些相关子任务方面取得了重大进展。深度学习算法与传统算法最大的不同之处在于，不再通过精心编程的算法来搜索特定特征，而是训练深度学习系统内的神经网络。随着深度学习系统带来的计算能力的增强，计算机将能够对它所看到的目标做出反应，这方面的研究已经有了显著的进展。

与此同时，硬件性能的不断提升也给视觉计算提供了新的发展契机。智能视觉感知的相关技术现已被广泛应用于包括自动驾驶、智能机器人、智能安防、数字城市等多个场景中，并产生了巨大的社会应用价值。这些在典型场景里被应用的视觉系统，能够让智能体实现类似人类或其他高等生物视觉系统理解外部世界，为其后续关于决策、规划和控制等方面的计算提供数据信息支持。未来，智能视觉感知技术有能力扮演越来越重要的角色，将解锁更多应用场景，帮助各行业创造更大的价值。

3.2 视觉成像基本原理

1 光学相机

光学相机是人们最熟悉也是应用最早的一种视觉信息采集设备。现代光学相机主要基于小孔成像和透镜成像两种成像原理。图3.2.1（a）展示了小孔成

41

像模型。小孔位于中心，左侧为被拍摄物体，右侧为相平面。由于光直线传播的性质，左侧物体在右侧像平面上成像。像的高度可以通过从投影中心到左右两侧的相似三角形计算得到。图3.2.1（b）展示了透镜成像模型，透镜成像一般使用凸透镜。凸透镜是根据光的折射原理制成的，其中央较厚，边缘较薄。由于凸透镜有聚光线的作用，左侧被拍摄物体会在右侧感光胶片上成像。

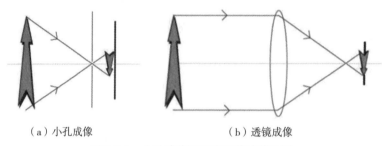

（a）小孔成像　　　　　　　　　　（b）透镜成像

图3.2.1　小孔成像原理和透镜成像原理

2　激光雷达

激光雷达，简称LiDAR，是一种能够获得目标三维位置信息的传感器。它能够获取物体的大小、位置以及材质等信息，进而生成描述真实世界的三维模型。激光雷达使用的技术是飞行时间（time of flight）。简单地说，就是通过向目标照射脉冲激光来测量目标到激光雷达的距离。激光雷达依据激光遇到目标后的折返时间，计算目标与激光雷达的距离。对于大多数激光雷达而言，其测量精度可达到厘米级别。

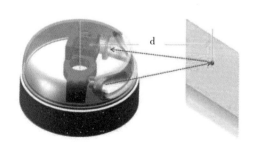

图3.3.2　激光雷达成像原理

激光雷达具有以下几个优点：1）激光雷达使用光学波段，频率比微波高2—3个数量级，因此，激光雷达具有很高的距离分辨率、角分辨率以及速度分辨率；2）激光波长短，可发射发散角非常小的激光束，因此多路径效应小，可探测低空和超低空目标；3）激光雷达可获取包括目标距离、角度、反射强度和速度等多维度的信息，易于用户对目标进行理解分析；4）由于激光雷达能够主动发射光束，不依赖外界光照，因此能够在夜晚以及恶劣天气情况下正常工作。

3　3D相机

3D相机主要用于室内场景三维数据的获取。和激光雷达一样，它能够获取拍摄对象的深度信息，该深度信息可转化为物体的三维位置和尺寸信息。3D相机的核心部件是深度传感器，深度传感器可以实现三维信息采集，该三维数据可以转成点云。与激光雷达不同，3D相机主要的应用场景是室内三维数据的获取。

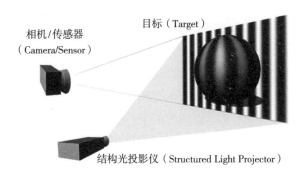

图3.2.3　结构光相机成像原理

目前市面上的3D相机一般使用结构光（Structured light）成像技术。该技术采用特定波长的红外激光作为光源，发射出来的光经过了一定的结构编码。当光线投影在物体上又反射回传感器之后，传感器接收到畸变的结构编码图案，通过解算能够得到物体的尺寸以及与传感器的距离等信息。结构光3D相机的优点主要有：1）在一定距离范围内（通常为0.5-3m）测量精度高，分辨率高；2）设备体积小，便于在室内场景中使用；3）主动光源，无光照或光照不足时也可使用。

3.3　视觉感知主要研究内容

（1）特征提取

视觉是人类与生俱来的感观输入，人类的大脑具有迅速处理视觉信号并理解图像内容的能力。而对于计算机而言，这一能力必须经过一定的学习和训练才能够具备。计算机对视觉信息的理解是从特征提取开始的。特征提取的目的是从图像中提取有用的信息，得到图像的"非图像"表示或描述，比如数值、向量和符号等。这样提取得到的"非图像"表示或描述就是图像的特征。有了这些特征，计算机就可以通过训练理解图像中所包含的信息，从而具备识别理解图像的本领。

特征是某一类别对象区别于其他类别对象的本质特点和属性。对于计算机处理的大多图像数据而言，每一幅图像都具有能够区别于其他类图像的特征。有些特征能够被直接获取得到或者通过简单的统计得到，比如颜色、纹理和边缘信息等，而有些则是需要通过特定的变换或处理才能得到的，比如深度网络特征等。为了区分不同的图像，我们往往要求特征不仅能够正确地描述图像，还应该具备区分不同类别图像的能力。因此，我们需要选取同类别图像之间差异小、不同类别图像之间差异大的特征。

一个好的特征通常具有一定的不变性，例如平移不变性、旋转不变性、尺度不变性或者光照不变性等。常用的图像特征有颜色特征、形状特征和空间关系特征等，下面对几种常用的图像特征进行介绍。

方向梯度直方图（Histogram of Oriented Gradient，HOG）特征[1]是一种在计算机视觉和图像处理领域常用的特征。它通过统计图像局部区域的梯度方向直方图来构成特征。HOG特征有两个特点：首先，HOG特征对物体的几何形变和亮度变化都能保持很好的适应性，适用于不同类型的场景；其次，HOG特征基于统计分析，鲁棒性很强，在特殊场景下仍然能保持优良的性能。例如，在行人检测问题中，只要行人保持站立姿势，HOG特征能够容许行人有适当的肢体动作，这些肢体动作可以被HOG特征忽略而不会影响结果。

尺度不变特征变换（Scale-invariant feature transform，SIFT）特征[2]是一种具有尺度不变性的特征，它可用于关键点检测和局部特征描述。它通过在不同的尺度空间上计算关键点，并计算和统计关键点的梯度方向得到。SIFT特征能够提取图像中的局部关键点，这些关键点是一些具有明显特点、不会随光照等因素的变化而改变的点，比如角点、边缘点等。SIFT特征适用于部分遮挡情况下的物体识别和检测，理论上说，最少只需要3个SIFT关键点就能够确定物体的位置和类别。SIFT特征的另一个特点是计算速度较快，这使得它能够被应用于大型数据库的快速匹配算法中。

ORB（Oriented FAST and Rotated BRIEF）算法[3]是一种快速特征点提取和描述的算法。ORB算法分为两部分，分别是ORB特征点提取和ORB特征点描述。ORB算法将FAST特征点的检测方法与BRIEF特征描述子结合起来，并在它们原来的基础上做了改进与优化。ORB特征描述算法的运行时间远少于SIFT，可用于实时性特征检测。ORB特征基于FAST角点的特征点检测与描述技术，具有尺度与旋转不变性，同时对噪声及透视仿射也具有不变性。良好的性能使得ORB特征的应用场景十分广泛。

快速点特征直方图（Fast Point Feature Histogram，FPFH）[4]是一种用于深度图或者点云数据的特征计算方法，它能够计算三维物体表面法向、曲率等几何特征信息。FPFH特征包括了物体的大小、形状方面的信息，因此可以用于三维物体识别与分析等任务。FPFH特征本质上是对点云中的每一个点的邻域范围内空间差异的一种量化，它通过数理统计的方法获得一个用于描述邻域几何信息的直方图。FPFH特征不仅对点云的旋转和平移变换具有不变性，还能很好地处理点云稀疏和测量噪声的影响。该特征被广泛应用于自动驾驶、工业机器人、VR等应用中。

上述特征都属于传统特征，它们由人为设计好的固定规则计算得到，是经过大量的先验知识总结得到的。近些年来，随着深度学习技术的兴起，大量的深度学习特征涌现。深度学习特征通过深度神经网络的训练过程自主学习得到，其提取过程相当于在训练一个过滤器，这些过滤器类似于传统特征提取方法中的检测算子。由于深度学习方法众多，在此不对其特征提取模块进行专门论述。

（2）图像分类

图像分类是视觉感知领域中最常见的任务，也是过去十年中最受关注的研究方向之一。给定输入图像，图像分类算法的任务是判断该图像中所包含物体的类别，即赋予图像一个语义标签，如猫、狗或大象等。

图像分类问题的挑战主要来自于三个方面：图像自身的缺陷、物体类内差异和物体类间差异。图像自身的缺陷指由场景光照、物体遮挡、图片模糊等因素造成的图像缺陷，这些缺陷会直接影响图像分类的效果。物体类内差异指同一类别物体在形状、颜色和纹理上存在的差异，这对图像分类算法的泛化能力提出了一定的要求。物体类间差异是指在细粒度物体分类任务中，不同类别的物体之间的差异，这些差异通常比较微小，算法往往难以对其进行区分。

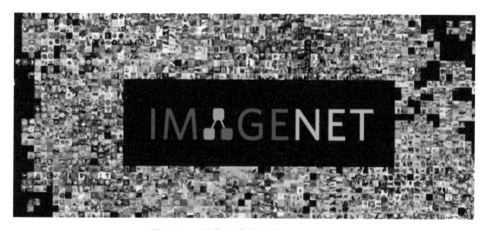

图3.3.1　图像分类数据集ImageNet

得益于深度学习的发展，2012年以后视觉感知技术得到了空前的发展，催生出大量基于深度学习的图像分类算法，并出现了大量图像分类比赛我们通常所说的深度学习图像分类比赛指的是，通过在给定训练集上训练了一个算法模型，并将这个模型用于测试集，计算测试集中每一个样本的语义标签，最后计算分类结果的得分。在过去的十年里，基于深度学习的图像分类技术取得了长足的进步。从最开始简单的灰度图像手写数字识别任务MNIST[5]，到更加真实的cifar10和cifar100任务[6]，再到后来的ImageNet图像分类任务[7]，图像分类算法模型伴随着数据集规模的扩大逐步提升到了很高的水平。目前，在包含2万个类、1000万图像的ImageNet数据集上，计算机的图像分类的水平已经超过了人类。

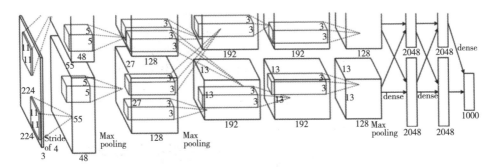

图3.3.2　图像分类网络AlexNet[8]

从深度学习之前的人工特征提取，到之后逐步使用卷积神经网络进行特征提取和分类，图像分类的算法一直朝着更快的计算速度、更低的资源消耗和更稳定的算法性能的方向发展。2012年提出的AlexNet[8]是最早出现的基于深度学习的神经网络，该网络在当年的ImageNet图像分类挑战赛中获得冠军。此后，更多的深度神经网络被提出，其中具有代表性的图像分类网络包括：VGGNet[9]、ResNet[10]和DenseNet[11]等。这些网络不仅提高了算法在图像分类任务上的性能，也带动了整个人工智能行业的发展。

（3）图像分割

图像分割是视觉感知领域的经典问题，也是最具挑战性的问题之一。图像分割的目的是确定每个点的分割标签。其难点在于，要对场景中每一个点做预测必须同时考虑场景的局部和全局信息。

从20世纪70年代起，图像分割问题吸引了大量研究人员为之付出了巨大的努力。虽然到目前为止，还没有一个通用并且完美的图像分割方法，但是对于图像分割的一般性规律业界已经达成共识，并且产生了相当多的研究成果。

根据分割内容的不同，图像分割分为前景分割、语义分割以及实例分割。前景分割，即将前景与后景的像素区域分开，它是视觉感知早期的研究内容。早期的图像分割，由于计算机的计算能力有限，只能处理一些灰度图，分割出来的物体往往没有语义标签。也就是说，计算机并不知道分割出来的东西是什么。随着计算能力的提高，人们开始考虑对图像进行语义分割，即在普通分割的基础上，预测出每一块区域的语义，指出它们各自的类别。实例分割则可以区分同一类别的不同实例，例如可以判断人群中每一个人的具体位置。

图3.3.3　图像实例分割[15]

经典的图像分割算法主要包括：阈值分割方法、区域增长方法和边缘检测分割方法等。阈值分割是最常用的分割算法之一，其核心是选择最佳阈值使得不同类别的物体相互分割开来。区域增长算法的基本思想是将同一类别的像素组合以形成区域。它首先选择某一个像素点为种子点，然后将与其邻近的相似像素点并入。边缘检测分割方法首先计算物体的边界信息，然后通过优化计算实现图像分割。

许多图像分割算法都将条件随机场（conditional random fields）作为后处理工具。条件随机场能够获取全局特征，并且处理好局部特征和全局特征的关系，这使得它非常适用于图像分割这一需要全局优化的任务。一种简单而直接的做法是：先对图像进行预分割，然后对图像构建图模型，最后使用条件随机场对图像进行全局分割优化。

随着深度学习的发展，人们逐渐将神经网络应用于图像分割中。首先被用于图像分割任务的深度网络是全卷积神经网络（Fully Convolutional Networks，FCN）[12]，它的出现意味着深度学习正式进入了图像分割领域。此后提出的以U-Net[13]、SegNet[14]以及Mask R-CNN[15]为代表的卷积神经网络图像语义分割方法接连取得了突破性的进展。这些算法将图像分割提高水平到了一个新高度，同时使得图像分割成为测试深度学习算法性能的重要应用之一。

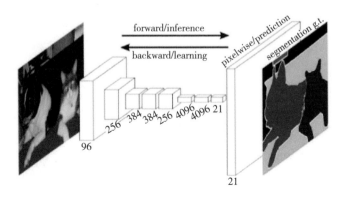

图3.3.4　全卷积网络FCN[12]

（4）物体检测

物体检测的目的是检测图像中的物体并确定它的语义类别。它的输出是物体的坐标以及物体的语义标签。与图像分割相同，物体检测同样是视觉感知领域的基础性工作。在图像分割中，我们要求算法输出每一个像素点的标签。而在物体检测中，我们要求算法识别图像中的每一个物体，并输出它的边界框。

在实际情况中，由于对场景观测不完全，输入的图像数据往往包含不完整的物体信息。同时，受到信息获取过程中误差的影响，输入数据中还伴随一定的噪声。因此，我们讨论的物体检测通常是指非模态（amodal）的物体检测，即观测信息不完整情况下的物体检测。

图3.3.5　物体检测

大多数物体检测算法包括三个独立计算的模块[16]：区域检测模块、特征提取模块以及分类器模块。

区域检测模块主要处理图像检测区域窗口的问题。根据获得区域待检测窗口方法的不同，物体检测方法大致可分为稠密检测方法和稀疏检测方法。以滑动窗口法为代表的稠密检测方法的计算相对简单，它是通过使用训练好的模板在输入图像的多尺度图像金字塔上进行滑动扫描，通过确定最大响应位置找到目标物体的窗口。稀疏检测窗提取方法，则一般利用某些先验或其他图像任务的结果，选择最有可能成为物体的检测窗口。

特征提取模块是目标检测的关键步骤。正如特征提取章节中所述，物体的特征可以分为传统特征和深度学习特征。传统的特征提取方法通过计算图像局部区域的梯度特征，进而得到图像的特征。相比现在深度学习的提取特征方法，这些方法都是根据图像的一般属性设计得到的特征。这类特征计算方法设计烦琐且有很强的局限性，在未训练的物体上鲁棒性差。因此，当前主流的面向物体检测的特征提取方法都是基于深度学习的方法。

分类器模块是整个物体检测算法的结果输出。在模式识别和机器学习领域中，常用的分类器包括逻辑回归、softmax、SVM、ada-boost等。在深度学习模型中一般选用softmax作为分类器。

（5）多视角三维重建

前面提到的视觉感知研究内容都与二维图像识别有关。然而，为了全面地通过视觉信息理解所处的环境，智能体还需要超越简单的图像识别，感知三维世界。因为我们所处的环境是三维的，要做到感知和交互，就必须将观测到的图像数据恢复到三维。

多视角三维重建是指通过多视角图像重建三维信息的过程，即通过相机获取场景物体的多张图像，并对图像进行分析处理，再结合预先学习的先验知识推导出现实环境中物体的三维信息。多视角三维重建包含三个核心问题：1）特征匹配：提取不同视角中对象的特征以实现特征匹配；2）相机位置预测：给定一张图片，计算这张照片是在三维空间中什么位置拍的；3）数据融合与构图：将多视角图像融合，形成完整的三维模型。

多视角三维重建的应用非常广泛，在很多应用中，多视角三维重建是核心技术。文物修复与重建是多视角三维重建的一个具有代表性的应用。比如对敦煌文物的保护和对被烧毁的巴黎圣母院的重建工作中都涉及大量的多视角三维重建技术。一方面对名胜古迹、艺术作品进行三维重建已成为其日常维护管理工作中重要的一环。另一方面，多视角三维重建对自动驾驶也有重要的意义。完整的三维数据对于车辆的识别算法而言至关重要，将多视角三维重建和识别融为一体是未来的发展趋势。

为了理解多视角三维重建，首先需要了解三维数据表达方式。常用的三维数据表达方式包括深度图、点云、网格以及体素[17]。深度图中其每个像素值代表的是物体到相机的距离，由于深度值的大小只与距离有关，而与环境、光线、方向等因素无关，所以深度图像能够真实准确地体现景物的几何深度信息。点云是某个坐标系下的点的集合，包括点的坐标、颜色和强度值等信息，点云可通过三维激光扫描获得，也可以通过深度图转换得到。网格是全部由三角形或其他多边形组成的多边形网格，用于模拟复杂物体的表面。体素是三维空间中的一个有大小的点，以小方块为单位，相当于三维空间中的像素。

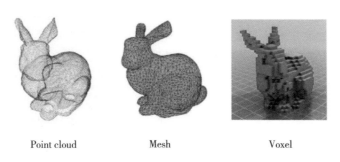

Point cloud　　　　　　Mesh　　　　　　Voxel

图3.3.6　三维数据结构（点云、网格和体素）

多视角三维重建方法主要分为主动视觉多视角三维重建方法以及被动视觉多视角三维重建方法。主动视觉多视角三维重建方法是指利用如激光、声波、电磁波等光源或能量源发射至目标物体，通过接收返回的光波来获取物体的深度信息。主动测距有莫尔条纹法、飞行时间法、结构光法和三角测距法等四种方法。被动视觉多视角三维重建方法是指只使用相机采集三维场景得到其投影的二维图像，根据图像的纹理分布等信息恢复深度信息，进而实现多视角三维重建。被动视觉多视角三维重建主要有纹理恢复形状法、阴影恢复形状法以及立体视觉法。其中立体视觉法是最常用的多视角三维重建方法之一。

图 3.3.7　多视角三维重建算法[17-2]

（6）目标跟踪

视觉跟踪是人类最基本的视觉能力之一。婴儿在出生两个月左右就已具备这种"固视"的能力，即固定地注视一个物体，视线随物体移动。对视觉感知而言，目标跟踪同样是一个基础而经典的问题。目标跟踪在视频监控、人机交互、无人驾驶等方向有着广泛的应用。在过去的二三十年里，视觉目标跟踪技术取得了长足进步，特别是最近两年基于深度学习的目标跟踪方法取得了突破性进展。经典的目标跟踪方法包括基于特征匹配的方法和基于轮廓形变的方法。

基于特征匹配的跟踪方法通过建立图像间的显著特征匹配来实现目标跟踪，其主要步骤包括特征提取和特征匹配。该类跟踪方法的优点在于它对运动目标的尺度、形变和亮度的变化不敏感，因此具有一定的鲁棒性。尤其是当目标被部分遮挡时，只要能看到部分关键特征，就可以实现对该目标的跟踪。然而，该方法的缺点也十分明显，图像特征提取的好坏依赖于局部特征提取器的参数设置，特征提取效果也很容易受到图像模糊、噪声等因素的影响。此外，由于特征计算往往只关注图像的局部区域，而忽略目标的整体特征，视频序列中的连续帧特征对应关系往往较难确定，采用该方法极易出现漏检的情况。为了提升方法的稳定性，除了用单一的特征来实现跟踪外，通常会引入多个特征信息融合在一起作为跟踪特征。

基于轮廓形变的方法在图像区域内定义一个可变形的二维曲线。在目标跟踪过程中，该二维曲线会逐步调整自身形状使得其与目标轮廓相一致。因此，该方法可以实现对形变物体的跟踪。基于轮廓形变的方法的优点是它不但考虑了图像的局部特征，而且将目标的整体轮廓几何信息作为特征，这样做增强了目标跟踪的稳定性和可靠性。但是，由于轮廓形变的计算复杂度较大，该方法往往需要耗费较大的计算资源，因此该方法的实时性和可拓展性较差。此外，物体目标轮廓计算的复杂性也使得该方法在处理快速运动的物体或者形变较大的物体时效果不够理想。

随着机器学习的发展，许多工作将提取图像特征与机器学习结合起来，使用机器学习作为判别器，实现对复杂场景下物体的精准跟踪。此类方法的大体思路是：将某一帧中的目标区域设置为正样本，背景区域为负样本，使用机器学习方法训练目标分类器，然后在下一帧中用训练好的分类器寻找最优区域。近些年来，随着海量视频数据的获取和计算能力的提升，基于机器学习的目标跟踪方法取得了显著进步，这类方法在未来还将持续推动目标跟踪技术朝着更快更准的方向发展。

（7）场景理解

人类视觉能够快速、轻松地理解新颖图像或事件的含义，做到一目了然。我们可以理解一个地方的语义类别、空间布局以及识别场景中的对象。让智能体在场景理解中具有人的能力是极具挑战性的，其挑战在于场景中包含的内容通常比较抽象。正确地理解场景往往需要涉及计算机视觉、机器学习、认知心理学和神经科学等多个学科的知识。

让机器学会准确地理解场景是视觉智能的一个重要标志。实现场景理解将有助于智能机器人交互、无人驾驶等领域研究的发展。场景理解是移动机器人的先决条件，在机器人相关应用中，常通过采集视觉信息来感知周围环境，从而采取下一步动作。场景感知也是无人驾驶的前提，智能汽车只有自主感知交通道路场景环境之后才能进行车的移动控制决策。

目前对场景理解的研究主要包括两个方面：一是研究场景分类的计算模型，通过建立计算模型实现对场景的识别[18]；二是对常见的结构进行解析，比如分析常见结构中包含的物体以及物体间的关系[19]。

场景识别对场景类型进行分类，它常与物体检测、语义分割以及实例分割结合在一起。场景识别和物体识别具有很强的相关性，场景中包含的物体对于场景的类别具有很大的影响。场景识别的难点在于类内的差异性和类间的相似

图3.3.8　自动驾驶中的场景理解

性。类内的差异性指在相同类型的场景可能包括完全不同的物体，物体之间的摆放位置也不尽相同，类间的相似性指不同类型的场景可能具有一定的结构相似性。以上两点使得智能体往往不能够通过简单的特征判断场景的类别。

　　与场景识别相比，对场景结构的解析有更加重要的现实意义。当前大部分的目标检测算法都是独立地检测图像中的物体，如果智能体能学到场景中物体间的关系显然对于检测效果的提升有所帮助。因此，我们希望智能体在物体检测过程中同步分析图像中物体之间的相互关系以及整个场景的结构。

3.4　视觉感知发展历史

　　近年来，得益于2012年AlexNet[8]带来的突破，有关视觉感知的研究呈爆炸性增长趋势。然而，视觉感知并不是一个新领域，其实早在大约60年前就已经开始了寻找如何让机器能够"看见"的研究。

　　视觉感知早期最具影响力的论文由大卫·休伯尔（David H. Hubel）和托斯坦·维厄瑟尔（Torsten N. Wiesel）两位神经生理学家发表于1959年[20]。他们将电极与猫的初级视觉皮层（primary visual cortex）区域并试图观察其在看到不同图片时的神经活性。然而，神经元并没有任何反应。最后他们发现，在将新幻灯片滑入投影仪时，幻灯片阴影的移动能让神经元产生微弱的反应。研究者们最终通过这个实验意识到，在初级视觉皮层中存在着简单细胞（simple cells）和复杂细胞（complex cells），并且视觉处理总是从简单的结构开始，比如定向的边缘等。休伯尔和维厄瑟尔也因其突出贡献，获得了1981年的诺贝尔生理学或医学奖。视觉感知的进步离不开硬件设备的发展。1959年，罗素·基尔希（Russel Kirsch）和他的同事们发明了一种可以将图片转化为机器可以读入的带有数字的网格的设备。正是因为这个发明，我们现在可以用多种方式处理数字图像，也极大地推动了视觉感知的发展。

20世纪60年代，当人工智能逐渐成为一个研究领域和学科，一些本领域的学者极度乐观，并认为在不久的将来就能创造一个跟人类有着同样智力程度的电脑。其中在1966年，麻省理工学院的西蒙·派珀特（Seymour Papert）教授认为带着几名学生通过一个暑期项目（The Summer Vision Project[21]）就能造出一个平台，利用安装在计算机上的摄像机对真实世界的图片进行自动分割图像背景并提取非重叠物体，最终"描述所见内容"。这个项目最终未能成功达成目标，却被认为是视觉感知作为一个独立科学研究领域的开端。

70年代的研究为当今存在的许多视觉感知算法奠定了基础，包括从图像中提取边缘、标记线条、非多面体和多面体建模、光流以及运动估计等[22]。罗森菲尔德（Rosenfeld）和卡克（Kak）提出，视觉感知与数字图像处理的区分在于，视觉感知是从图像中提取三维结构，以实现对整个场景的理解[23]。

接下来的十年，视觉感知的研究侧重于利用严格的数学手段来进行定量的图片和场景分析[22]，例如比例空间的概念[24, 25]、形状推断（如利用阴影[26, 27]、纹理[28]或焦点[29,30]）和轮廓模型（如Snakes[31]）等。1982年，大卫·马尔（David Marr）在休伯尔和维厄瑟尔的基础上发表了《视觉》（Vision）[34]一书，进一步阐述了视觉层次（Visual Hierarchy）这一重要观点，并认为视觉系统的主要功能是创建环境的3D表示以便于我们与之交互。同时，马尔介绍了一种视觉框架，该框架将检测边缘、曲线和角等的低级算法用作迈向对视觉数据进行高级理解的跳板。与马尔同时期的日本计算机科学家福岛邦彦（Kunihiko Fukushima）也在休伯尔和维厄瑟尔的启发下提出了自组织人工网络Neocognitron[35-37]，该网络包含几个卷积层，可以识别模式并且不会受物体位置偏移的影响。1989年，杨立昆（Yann LeGun）将具有反向传播形式的学习算法应用于Fukushima的卷积神经网络体系结构并应用到字符识别上，发布了用于读取邮政编码的商业产品[38]。除此之外，他的工作还包括构建MNIST数据集[5]。

到了90年代，人们开始关注于对三维重建的研究。随着相机标定的优化方法的出现，人们意识到很多现有想法其实已经在摄影测量学领域的束调整理论[39]中被研究过了，从而引出了从多个图像进行稀疏3D场景重建这一方法[40]。与此同时，密集立体对应（dense stereo correspondence）算法也取得了很大进展[41, 42]，其中最大的突破应该是博伊科夫（Boykov）等人使用了图割技术进行全局优化[43]。这十年也标志着统计学习技术在实践中首次用于人脸识别（例如Eigenface[44, 45]）。到90年代末，计算机图形学和视觉感知领域之间日益紧密的互动带来了重大突破，其中包括基于图像的建模和渲染（image-based modeling and rendering）、图像变形（image morphing）、视图插值（view interpolation）、全景图像拼接（panoramic image stitching）和光场渲染（light-field rendering）等技术。

2006年，杰弗里·辛顿（Geoftrey Hilton）提出了深度学习的概念。他在世界顶级学术期刊《科学》发表的一篇文章中详细地给出了"梯度消失"问题的解决方案——通过无监督的学习方法逐层训练算法，再使用有监督的反向传播算法进行调优。该深度学习方法的提出，立即在学术界引起了巨大的反响，以斯坦福大学、多伦多大学为代表的众多世界知名高校纷纷投入巨大的人力、财力进行深度学习领域的相关研究。而后这股热潮又迅速蔓延到工业界中。

从2012年开始，深度学习技术的快速发展给视觉感知带来了全新的发展契机。2012年，首次参加ImageNet[7]图像识别比赛的深度网络AlexNet[8]一举夺得冠军。AlexNet采用ReLU激活函数，从根本上解决了梯度消失问题，并采用GPU极大地提高了模型的运算速度。同年，由斯坦福大学著名的吴恩达（Andrew Ng）和世界顶尖计算机专家杰夫·迪恩（Jeff Dean）共同主导的深度神经网络在图像识别领域取得了惊人的成绩，在ImageNet评测中成功地把错误率从26%降到了15%。深度学习算法在世界大赛的脱颖而出，也再一次吸引了学术界和工业界对于深度学习领域的关注。随着深度学习技术的不断进步以及数据处理能力的不断提升，2014年，Facebook基于深度学习技术的DeepFace项目[46]，在人脸识别方面的准确率已经能达到97%以上，跟人类识别的准确率几乎没有差别。这样的结果也再一次证明了深度学习算法在图像识别方面的一骑绝尘。2016年，随着谷歌公司基于深度学习开发的AlphaGo[47]以4∶1的比分战胜了国际顶尖围棋高手李世石，深度学习的热度一时无两。后来，AlphaGo又接连和众多世界级围棋高手过招，均取得了完胜。这也证明了在围棋界，基于深度学习技术的机器人已经超越了人类。

目前，深度学习方法的网络结构、训练方法、GPU 硬件性能等方面仍在不断进步中，深度学习算法在几个主流的计算机视觉数据集上的准确性已经远远超过了传统方法。

参考文献

[1]　Freeman W T, Roth M. Orientation histograms for hand gesture recognition[C]. International workshop on automatic face and gesture recognition, 1995: 296-301.

[2]　Lowe D G. Object recognition from local scale-invariant features[C]. Proceedings of the seventh IEEE international conference on computer vision, 1999: 1150-1157.

[3]　Rublee E, Rabaud V, Konolige K, et al. ORB: An efficient alternative to SIFT or SURF[C]. 2011 International conference on computer vision, 2011: 2564-2571.

[4]　Rusu R B, Blodow N, Beetz M. Fast point feature histograms (FPFH) for 3D registration[C]. 2009 IEEE international conference on robotics and automation, 2009: 3212-3217.

[5]　LeCun Y, Bottou L, Bengio Y, et al. Gradient-based learning applied to document recognition[C]. Proceedings of the IEEE, 1998: 2278-2324.

[6]　Krizhevsky A, Hinton G. Learning multiple layers of features from tiny images. 2009. https://www.cs.toronto.edu/~kriz/learning-features-2009-TR.pdf.

[7]　Deng J, Dong W, Socher R, et al. Imagenet: A large-scale hierarchical image database[C]. 2009 IEEE conference on computer vision and pattern recognition, 2009: 248-255.

[8]　Krizhevsky A, Sutskever I, Hinton G E. Imagenet classification with deep convolutional neural networks[C]. Advances in neural information processing systems, 2012: 1097-1105.

[9]　Conneau A, Schwenk H, Barrault L, et al. Very deep convolutional networks for text classification[J]. arXiv preprint arXiv:1606.01781, 2016.

[10]　He K, Zhang X, Ren S, et al. Deep residual learning for image recognition[C]. Proceedings of the IEEE conference on computer vision and pattern recognition, 2016: 770-778.

[11]　Huang G, Liu Z, Van Der Maaten L, et al. Densely connected convolutional networks[C].

Proceedings of the IEEE conference on computer vision and pattern recognition, 2017: 4700-4708.

[12]　Long J, Shelhamer E, Darrell T. Fully convolutional networks for semantic segmentation[C]. Proceedings of the IEEE conference on computer vision and pattern recognition, 2015: 3431-3440.

[13]　Ronneberger O, Fischer P, Brox T. U-net: Convolutional networks for biomedical image segmentation[C]. International Conference on Medical image computing and computer-assisted intervention, 2015: 234-241.

[14]　Badrinarayanan V, Kendall A, Cipolla R. Segnet: A deep convolutional encoder-decoder architecture for image segmentation[J]. IEEE transactions on pattern analysis and machine intelligence, 2017, 39(12): 2481-2495.

[15]　He K, Gkioxari G, Dollár P, et al. Mask r-cnn[C]. Proceedings of the IEEE international conference on computer vision, 2017: 2961-2969.

[16]　Ren S, He K, Girshick R, et al. Faster r-cnn: Towards real-time object detection with region proposal networks[C]. Advances in neural information processing systems, 2015: 91-99.

[17-1]　Ahmed E, Saint A, Shabayek A E R, et al. A survey on deep learning advances on different 3D data representations. arXiv preprint arXiv: 1808.01462, 2018.

[17-2]　Agarwal S, Furukawa Y, Snavely N, et al. Building rome in a day[J]. Communications of the ACM, 2011, 54(10): 105-112.

[18]　Xiao J, Hays J, Ehinger K A, et al. Sun database: Large-scale scene recognition from abbey to zoo[C]. 2010 IEEE Computer Society Conference on Computer Vision and Pattern Recognition, 2010: 3485-3492.

[19]　Shi Y, Chang A X, Wu Z, et al. Hierarchy Denoising Recursive Autoencoders for 3D Scene Layout Prediction[C]. Proceedings of the IEEE Conference on Computer Vision and Pattern Recognition, 2019: 1771-1780.

[20]　Hubel D H, Wiesel T N. Receptive fields of single neurones in the cat's striate cortex[J]. The Journal of physiology, 1959, 148(3): 574-591.

[21]　Papert S A. The summer vision project[J], 1966. https://dspace.mit.edu/handle/1721.1/6125.

[22]　Szeliski R. Computer vision: algorithms and applications[M]. Springer Science & Business Media, 2010.

[23]　Rosenfeld A. Digital picture processing[M]. Academic press, 1976.

[24]　Witkin A. Scale-space filtering: A new approach to multi-scale description[J]. In Readings in Computer Vision, 1987: 329-332.

[25]　Babaud J, Witkin A P, Baudin M, et al. Uniqueness of the Gaussian kernel for scale-space

filtering[J]. IEEE Transactions on Pattern Analysis & Machine Intelligence, 1986(1): 26-33.

[26]   Pentland A P. Shading into texture[J]. Artificial Intelligence, 1986, 29(2): 147-170.

[27]   Horn B K, Brooks M J. The variational approach to shape from shading[J]. Computer Vision, Graphics, and Image Processing, 1986, 33(2): 174-208.

[28]   Witkin A P. Recovering surface shape and orientation from texture[J]. Artificial intelligence, 1981, 17(1-3): 17-45.

[29]   Nayar S K, Nakagawa Y. Shape from focus[J]. IEEE Transactions on Pattern analysis and machine intelligence, 1994, 16(8): 824-831.

[30]   Nayar S K, Watanabe M, Noguchi M. Real-time focus range sensor[J]. IEEE Transactions on Pattern Analysis and Machine Intelligence, 1996, 18(12): 1186-1198.

[31]   Kass M, Witkin A, Terzopoulos D. Snakes: Active contour models[J]. International journal of computer vision, 1988, 1(4): 321-331.

[32]   Blake A, Zisserman A. Visual reconstruction[M]. MIT press, 1987.

[33]   Terzopoulos D. The computation of visible-surface representations[J]. IEEE Transactions on Pattern Analysis & Machine Intelligence, 1988(4): 417-438.

[34]   Marr D. Vision: A computational investigation into the human representation and processing of visual information[M]. San Francisco: W. H. Freeman and Company, 1982.

[35]   Fukushima K. Neocognitron: A self-organizing neural network model for a mechanism of pattern recognition unaffected by shift in position[J]. Biological cybernetics, 1980, 36(4): 193-202.

[36]   Fukushima K, Miyake S, Ito T. Neocognitron: A neural network model for a mechanism of visual pattern recognition[J]. IEEE transactions on systems, man, and cybernetics, 1983(5): 826-834.

[37]   Fukushima K. Neocognitron: A hierarchical neural network capable of visual pattern recognition[J]. Neural networks, 1988, 1(2): 119-130.

[38]   Lecun Y, Boser B, Denker J S, et al. Backpropagation applied to handwritten zip code recognition[J]. Neural computation, 1989, 1(4): 541-551.

[39]   Triggs B, Mclauchlan P F, Hartley R I, et al. Bundle adjustment—a modern synthesis[C]. International workshop on vision algorithms, 1999: 298-372.

[40]   Beardsley P, Torr P, Zisserman A. 3D model acquisition from extended image sequences[C]. European conference on computer vision, 1996: 683-695.

[41]   Okutomi M, Kanade T. A multiple-baseline stereo[J]. IEEE Transactions on Pattern Analysis & Machine Intelligence, 1993(4): 353-363.

[42]   Birchfield S, Tomasi C. Depth discontinuities by pixel-to-pixel stereo[J]. International

Journal of Computer Vision, 1999, 35(3): 269-293.

[43] Boykov Y, Veksler O, Zabih R. Fast approximate energy minimization via graph cuts[J]. IEEE Transactions on pattern analysis and machine intelligence, 2001, 23(11): 1222-1239.

[44] Turk M, Pentland A. Eigenfaces for recognition[J]. Journal of cognitive neuroscience, 1991, 3(1): 71-86.

[45] Turk M A, Pentland A P. Face recognition using eigenfaces[C]. Proceedings. 1991 IEEE Computer Society Conference on Computer Vision and Pattern Recognition, 1991: 586-591.

[46] Parkhi O M, Vedaldi A, Zisserman A. Deep face recognition[C]. Proceedings of the British Machine Vision Conference, 2015: 41.1–41.12.

[47] Silver D, Huang A, Maddison C J, et al. Mastering the game of Go with deep neural networks and tree search[J]. Nature, 2016, 529(7587): 484.

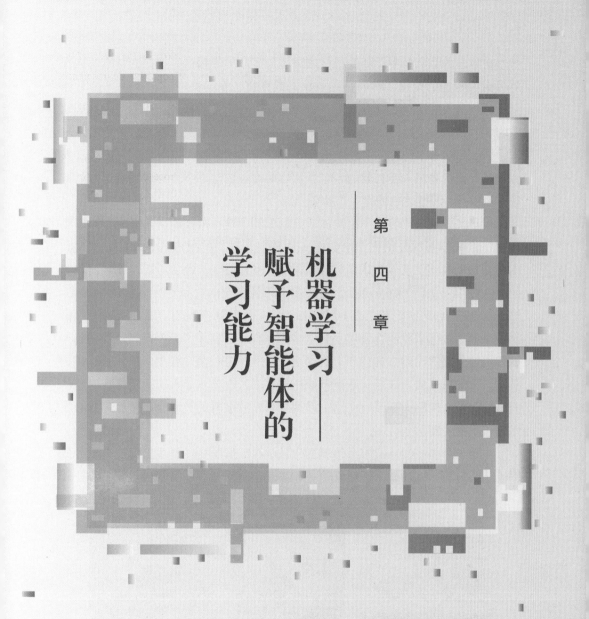

第四章

机器学习——
赋予智能体的
学习能力

4.1 引言

在过去的数十年中，随着科技的进步与生产力的提升，人们的日常生活发生了翻天覆地的变化。然而，这些巨大的变化，在一些专家眼中还只是21世纪——这个人类历史上充满变革、最为激动人心时代的序章。其中，美国国家发明名人堂成员，Lemelson-MIT大奖（全球最重要发明奖）获得者，著名未来学家雷·库兹韦尔在他的著作中提出了大胆论断：科技正以史无前例的速度发展，计算机将赶超人类智能的各个方面。而在他的论述中，对这场变革起到推进作用的核心科技之一便是人工智能[1]。

近年来，人工智能的飞速发展让人们看到了这一科技的巨大潜能。2015年11月底，根据谷歌公司提交给美国机动车辆管理局的报告，谷歌的无人驾驶汽车在自动模式下已经完成了安全驾驶130多万英里，展示了智能无人驾驶车的巨大发展潜力。2016年3月，通过数以万计盘数的自我对弈进行练习强化，AlphaGo在一场围棋比赛中以4∶1击败顶尖职业棋手李世石，成为第一个不借助让子而击败围棋职业九段棋手的电脑围棋程序，创下了人工智能系统超越人脑智力的里程碑。而在2018年，在著名歌手张学友的演唱会上，通过人脸识别技术，公安机关成功抓捕长期在逃嫌犯近百名。这显示了人工智能给新时期的安全防护带来的巨大变革。在这一系列令人欢欣鼓舞的技术变革背后的核心技术之一就是机器学习[2]。

机器学习是一门涉及多个领域的交叉学科。其学科体系覆盖了逼近论、概率论、凸分析、统计学、优化理论、算法复杂度理论等多门学科。其核心任务

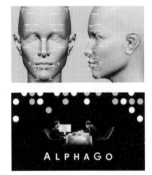

图4.1.1 机器学习应用范例

是利用数学建模和电脑计算的方法模拟人类的学习行为，从历史经验（数据）中发掘规律（模型），从而获得某一具体的能力（如识别物体、预测趋势、驾驶汽车）。

如图4.1.2所示，人类的学习通过将以往的经验进行归纳总结，得到规律和认知之后应用于新的问题之上，实现对于事物的理解和对于事件的预测。与之对应，在机器学习中，计算机的学习对象则是历史数据（如图像、声音、公司财报等数字数据）。通过将数据导入计算机中进行训练，得到具有识别和判断能力的模型。而将新的数据输入训练好的模型之后就可以实现对该数据的认知。总而言之，人类通过有意识地学习资料、经验掌握具体的技能；而机器通过自动提取数据中的有用信息，获取能够进行预测、判断或决策的模型。

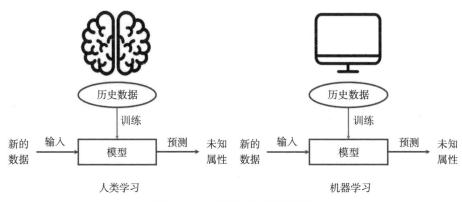

图4.1.2　人类学习与机器学习

下面用一个更加具体的示例，详细介绍机器学习的含义和相关的几个重要概念。如图4.1.3所示，幼儿园里，老师在教小朋友认识动物的时候通常会先拿出一些印有各种动物图像的卡片，一边展示一边讲解"长脖子的是长颈鹿，尖嘴巴的是小鸟，大耳朵的是大象"。老师不断重复这个过程，小朋友们的大脑也随着不停地学习。当重复的次数足够多的时候，小朋友们就学会了新的技能：识别图像中的三种动物。将以上的学习过程和机器学习的过程进行类比，则上面老师拿的动物卡片在机器学习中叫作"训练集"，老师告诉小朋友的每一张图像中的动物的名称叫作"标签"，老师们用于对长颈鹿、小鸟和大象进行描述的三种属性"长脖子""尖嘴巴"和"大耳朵"叫作特征，小朋友不断学习的过程叫作训练，学会了识图之后总结出来的规律叫作模型。所以，通过在训练集上不断识别特征，不断训练，最后形成具有特定功能的模型，这个过程就叫作机器学习。

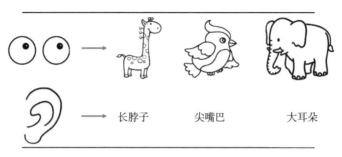

长脖子　　　　尖嘴巴　　　　大耳朵

图4.1.3　人类小孩学习识图的示例

4.2　机器学习的发展历史

与其他具有悠久历史的学科相比，机器学习作为一个新兴学科在相对较短的时间内便取得了长足的进步。然而要理清该学科发展的点滴细节仍然是一个复杂而烦琐的工作。以下我们列举机器学习在发展过程中的一些重要的节点性事件，管中窥豹，从而把握机器学习的发展脉络。

1950年，机器学习构想提出。阿兰·图灵是英国伟大的数学家、逻辑学家，被世人广泛地奉为计算机科学之父与人工智能之父。1947年，就有人提出希望制造一台能够从过往经验中进行学习的机器。而图灵在1950年发表的论文《计算机与智能》中正式提出了这样一种构想，并精心设计了一种叫作"图灵测试"的验证方案以判断机器是否真的具有智能。这一标准被沿用至今。

1952年，第一个机器学习程序诞生。1952年，机器学习这个名词被IBM科学家亚瑟·塞缪正式提出。在亚瑟·塞缪的定义中，机器学习是一个能使计算机无需显式编程就能获得某种能力的研究领域。在加入IBM的Poughkeepsie实验室后，他设计开发了一个下西洋跳棋的程序。其特殊之处在于，该程序能够在与人类对弈的过程中自动改进自己的技法，纠正自己之前的错误，并在以后下得更好。该程序被认为是第一个机器学习程序。

1957年，感知机被提出。1957年，心理学家罗森·布拉特向康奈尔航空实验室提交了一篇题为《感知机：感知和识别自动机》的论文。他宣称他将"构建一个电子或机电系统，学习识别光学、电学或音调信息模式之间的相似性或同一性，其方式可能与生物大脑的感知过程非常相似"。方法上，感知机通过设计权重、偏置和激活函数来模拟细胞结构中的突触、激活阈值与细胞体。在训练过程中，该模型通过对数据的拟合学习可将数据正确分类的超平面，从而得到感知机模型。它为下一步更加复杂的学习提供了种子，并被广泛认为是深度神经网络（DNN）的基础。

1960年，反向传播的基础奠定。凯利是弗吉尼亚理工学院的航空航天和海洋工程教授。1960年，他发表了《最优飞行路径梯度理论》这一在控制理论领域中重要且广受认可的论文。多年来，他关于控制理论的许多想法都被直接应用于人工智能和人工神经网络中，这些想法包括输入系统的行为以及反馈如何改变系统的行为。这些思想后来成为训练神经网络的连续反向传播模型（也称为误差反向传播）的基础。

1965年，首个深度神经网络被提出。1965年，数学家奥·赫·伊瓦赫年科（A.G. Ivakhnenko）和他的同事们开发了数据处理的分组方法（GMDH）这一能够服务于模型自动结构化以及参数优化的方法，并将其应用于神经网络的构建之上。他们的模型采用了深度前馈多层感知机的结构，并在每一层中通过统计学方法找到最优特征传递到后续的网络层中。使用数据处理的分组方法，奥·赫·伊瓦赫年科（A.G. Ivakhnenko）和他的同事在1971年成功训练了一个8层的深度神经网络并在一个名为Alpha的计算机识别系统中成功地演示了网络学习过程。正因如此，很多人认为伊瓦赫年科是现代深度学习之父。

1980年，出现了第一个识图神经网络，日本科学家福岛受到休伯尔和维厄瑟尔对猫视觉皮层研究成果的启发，采用权重共享的思想，设计了多层感知机的重要变体，并成功将其应用于视觉模式的识别。该工作是现代卷积神经网络的雏形，而受其启发开发出来的后续的一系列网络被广泛地用于手写字符和其他模式识别任务，以及推荐系统和自然语言处理。

1982年，出现了第一个递归神经网络，约翰·霍普菲尔德创造并推广了现在以他的名字命名的神经网络霍普菲尔德神经网络。该网络是一种作为内容寻址存储系统的递归神经网络，现在已经成为处理序列数据，如视频、股票、气象数据的一种重要的深度学习实现工具。

1985年，出现了第一个能够说英文单词的程序实现。计算神经科学家特里·塞伊诺夫斯基利用他对学习过程的理解创建了程序NETtalk。这个程序能够像孩子一样学习，将文字内容转换为语音形式，并能够随着时间的推移而不断改进发音的准确程度。

1989年，卷积神经网络性能被进一步开发。法国科学家杨立昆是20世纪90年代崛起的现代人工智能领域的大家，他在1989年将卷积神经网络与最新的反向传播理论结合，成功实现了对于手写体数字的识别。他的系统在90年代末和21世纪初被纽约证券交易所和其他公司用来读取手写支票和邮政编码。而该工作也是人工神经网络发展领域的重要里程碑，其设计结构被后续的许多重要工作借鉴。

1989年，Q-学习方法被提出。沃特金斯发表了他的博士论文《从延迟的奖励中学习》论文中提出了Q-学习的概念，大大提高了机器强化学习的实用性和可行性。这一新算法表明，在不建模马尔可夫决策过程的转移概率或期望报酬的情况下，直接学习最优控制是可能的。

1995年，支持向量机模型被进一步完善。支持向量机（SVM）从20世纪60年代就出现了，经过几十年的改进和完善，目前常用的标准模型由考特斯（Cortes）和万普尼克（Vapnik）于1993年设计，并于1995年提出。支持向量机是一个识别和映射相似数据的系统，它可以用于文本分类、手写字符识别和图像分类。他的出现将统计机器学习引向了高潮。

2009年，ImageNet数据集提出。斯坦福大学人工智能实验室负责人，李飞飞教授在2009年推出了一个具有超过1400万张具有人工标注的海量公开图像数据集，以供研究人员、教育工作者和学生使用。该数据集为机器学习这一数据驱动的方法提供了继续的数据原料，极大地促成了之后神经网络的兴起。

2011年，卷积神经网络AlexNet提出。2011至2012年间，亚历克斯·克里热夫斯基凭借其设计的卷积神经网络AlexNet在几项重要的国际机器和深度学习比赛中以巨大的优势战胜了以往基于浅层神经网络与传统机器学习算法的其他方法。AlexNet的成功在机器学习领域掀起了一场复杂神经网络的复兴潮。

2016年，谷歌设计的基于深度学习的围棋算法AlphaGo击败了排名第一的韩国的国际围棋选手李世石。

4.3　机器学习和人工智能、机器学习、深度学习的关系

近年来，随着人工智能的兴起，与之相关的各种名词层出不穷。其中人工智能、机器学习和深度学习是经常被提及，但又容易混淆的几个概念。

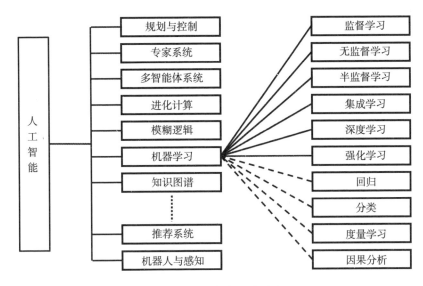

图4.3.1　人工智能研究分支

人工智能：赋予机器以智能的学科。人工智能是计算机科学的一个重要分支，它内涵丰富，是众多学科的交叉。它从脑科学、认知科学、心理学等学科中了解智能的形成方式和表现形式，探索其本质，并设计制造能按照人类智能相似的方式完成各种任务的智能机器。该领域的研究内容涵盖了机器学习、自然语言处理、计算机视觉、语音识别、机器人、模糊逻辑、进化计算、智能搜索、推荐系统和专家系统等等。

机器学习：一种实现人工智能的方法。机器学习是一个人工智能领域的重要分支，它设计算法来解构和分析数据、从中提取规律和知识，从而实现通过接收新的信息对真实世界中事件进行预测和决断。与传统的任务驱动的软件程序不同，机器学习以大量的数据作为自己的知识库和驱动力，并利用各种算法，像人类归纳总结、类比模仿一样，从中学习经验，能够自动地不断改进软件程序的运行效果。

深度学习[5]：一种实现机器学习的技术。深度学习是一种重要的机器学习技术，在现在的很多领域，如计算机视觉、自然语言处理、人机博弈等领域都实现了对于其他机器学习方法在性能上压倒性的优势。其核心的优势在于其端到端的训练方式以及层次化的网络结构。通过设计神经网络，算法设计者们在区分猫和狗的过程中无需告诉计算机狗的嘴巴长、猫的脑袋圆等信息，只需告

67

诉计算机哪些图像中是猫而另一些是狗即可。该方法的提出使得用同一种算法结构适应多种任务的构想成为可能，也为实现通用型人工智能，提供了可能的解决方案。在该方法的驱动下，计算机视觉、自然语言、语音处理等方向不断突破，在某些单一任务上达到甚至超过了人类水平。

为了进一步说明这三个概念之间的区别于联系，如图4.3.2，我们用画同心圆的方法，可视化地展现出它们三者的关系。

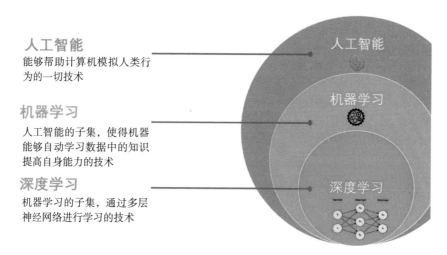

人工智能
能够帮助计算机模拟人类行为的一切技术

机器学习
人工智能的子集，使得机器能够自动学习数据中的知识提高自身能力的技术

深度学习
机器学习的子集，通过多层神经网络进行学习的技术

图4.3.2 人工智能、机器学习、深度学习关系示意图

4.4 机器学习的主要步骤

机器学习的主要步骤包括七个方面（如图4.4.1所示），下面以银行用机器学习方法对储户的信用风险评判为例，简述这七个步骤：

（1）**定义问题**：机器学习总是从一个明确的问题和目标开始。在储户信用风险的评判系统这一应用中，学习目标是根据储户以往的信息，判断储户是否有不还贷的风险。如果存在风险则不予借贷。

（2）**收集数据**：获取以往用户的相关信息和对应用户的风险评估结果。这里的信息和上文的特征相对应，可以包括用户的总资产、是否有不诚信记录以及资产负债率。

（3）**准备数据**：一般情况下，获取的数据之中往往存在着大量的噪声和异常样本，这就需要对数据进行清理和解析，删除或纠正异常值。比如说，一些较年轻的用户之前没有信用记录，导致对应条目信息缺失。此时则需要对数据进行补全等其他特殊处理。这一步骤通常占用总时间和工作量的60%以上。同时，在这一步中，常常会将数据分成训练集和测试集。训练集用于模型的训练，而测试集则用于模型性能的测试。

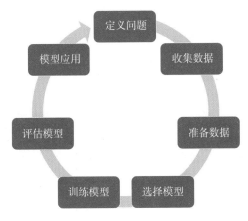

图4.4.1　机器学习的步骤示意图

（4）**选择模型**：研究人员和数据科学家多年来创造了许多模型。有些非常适合图像数据，有些非常适合序列（如文本或音乐），有些用于数字数据，有些用于基于文本的数据。选择一个合适的模型对于提高在任务中的表现至关重要。而对于当前的示例，因为涉及的变量只有三个，可以选择使用简单的线性模型。

（5）**训练模型**：在准备好数据和模型之后，设计相应的数学优化算法就可以让计算机自动的学习和抽取数据中的规律，实现对于储户信用的初步评级功能。

（6）**评估模型**：通过比较结果与测试数据集的准确度来评估模型。就像人类的学习过程往往不是一蹴而就的一样，机器学习的过程往往也需要调整算法的参数和采用的模型。而是否需要这一调整则须通过模型性能的反馈得到。具体而言，取一部分新到的申请贷款的储户，将他们的数据输入训练好的模型中，得到对应的风险评级，然后请相关专家对对应人员的标准做出判断。如果学习算法能够超过公司要求的阈值（如95%），则表明模型能够达到预期，无需调整。否则，则对模型进行调整。

（7）**模型应用**：训练好的模型通过测试之后，就可以进行部署和用来辅助银行业务人员进行贷款业务的办理。

4.5　机器学习研究的主要内容

机器学习虽然内涵丰富，涉及学科繁多，但是究其内容，按照训练方法的不同，现有的机器学习方法大致可以分为三种主要的类型：有监督学习，无监督学习与强化学习，如图4.5.1所示。

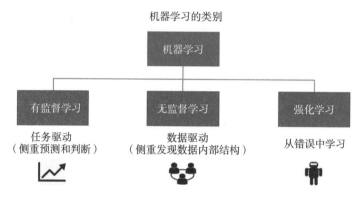

图4.5.1　机器学习研究的主要内容

（1）有监督学习

有监督学习是指给定一个数据集，并且给定正确答案。机器通过数据来学习正确答案的计算方法。

机器学习的监督学习的任务重点在于根据已有经验和知识对未知样本的目标/正确答案进行预测。其学习流程大体如下。首先需要准备训练数据和对应的学习目标即标签。这里的训练数据可以是文本、图像、音频等，而对应的标签可以是英文文本的中文翻译、图像中物体的类别、音频中的文字信息等。在获取数据和标签后，然后从数据中抽取所需要的特征，形成特征向量（Feature Vectors），接着把这些特征向量连同对应的标签一同送入学习算法中，训练出一个能够在训练数据集上准确实现预测的模型。之后采用同样的特征抽取方法作用于新的测试数据，得到用于测试的特征向量，最后使用预测模型对这些待测试的特征向量进行预测并得到结果。

典型的有监督学习任务包括两种：1）分类。类似上文描述的，对给定图像中物体类别进行分类。分类学习是最为常见的监督学习问题，最为基础的是二分类问题，即判断是非，从两个类别中选择一个作为预测结果，除此之外还有多类别分类即是在多于两个类别中选择一个作为预测结果，甚至还有多标签多分类问题，多标签多分类问题判断一个样本是否同时属于多个不同的类别。比如实际生活中，遇到许多分类问题，如医生对肿瘤性质进行判定、邮件系统对手写数字进行识别、互联网公司对新闻进行分类、生物学家对物种类型进行鉴定等。2）回归。如根据当前各方面的信息和数据对股市未来一段时间的价格进行预测。其他的有监督机器学习任务都可以看成这两个任务的延伸。具体有监督算法内容丰富，典型的算法包括朴素贝叶斯算法、线性回归、支持向量机[6]、决策树[7]、局部加权线性回归以及有监督深度神经网络等。图4.5.2是一个有监督学习的典型示例。

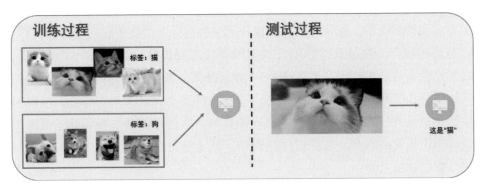

图4.5.2 有监督学习示例。有监督学习给定一组图像以及和图像对应的标签（监督信息），通过自动学习猫和狗各自特征，使得对应算法能够准确识别图像中物体的类别，从而实现对于一张新给定的图像也能够准确识别图像中的是猫还是狗

有监督学习算法通过标签引导的方式指导机器学习算法自动从给定数据中抽取信息，实现学习目的。该方法对于给定任务判断准确度高，效果好，是当前应用范围最为广泛的机器学习算法。然而，要训练一个准确的有监督模型往往需要大量的数据以及高质量的标签。而这些标签的获取耗时耗力，往往需要巨大的资金和时间成本，极大地限制了有监督学习方法的应用和推广。在这种需求的牵引下，无监督学习应运而生。

（2）无监督学习

无监督学习是指给定一个数据集，在没有给定正确答案的情况下，让机器通过自动挖掘数据内部的样本分布结构获取数据的聚类信息的方法。

有监督学习中的一个显著特征就是训练数据中包含了标签（如图中物体类

别），训练出的模型可以对其他未知数据预测标签。而与有监督学习任务中让算法更加准确的预测数据的标签不同，无监督学习更加侧重于在没有标签的情况下对于数据集底层结构的挖掘，进而对数据进行有效的归纳、分组以及找到一种压缩数据有效的表征方法。

典型的无监督学习包括三种主要类别：1）聚类。聚类的目标是为数据点分组，使得不同聚类中的数据点是不相似的，同一聚类中的数据点则是类似的。如一家广告平台需要根据相似的人口学特征和购买习惯将某一区域内人口分成不同的小组，以便广告客户可以通过有关联的广告更准确地接触他们的目标客户。2）离散点检测。离散点检测的目标是建立对于常规样本的有效描述使得当非常规样本出现时能够迅速且准确的识别。如，在医院的安全防护无人监控系统中，通常情况下摄像头记录的都是人们在医院内行走的视频。若突然出现行人在镜头前摔倒并长时间无法起身的情况需要及时发出警报，提醒相关人员前去护理甚至治疗。3）数据降维。数据降维的目标是从海量的高维数据中抽取出关键的有效信息，并滤除掉其中冗余无用的部分，使得对应数据更加便于存储、检索和理解。如一个数据科学团队需要降低一个大型数据集的维度的数量，以便简化建模和降低文件大小。图4.5.3中是一个无监督学习的典型示例。

图4.5.3 无监督学习示例。无监督学习是在给定一组没有标注的图像情况下，通过自动挖掘数据内部的分布信息，使得对应算法能够将相互之间更加相似的图像聚成一个类别，而将不相似的样本划归成其他类别

无监督学习算法种类繁多，典型的无监督学习算法包括k-均值聚类[8]、层次聚类算法、主成分分析[9]、线性判别分析、局部线性嵌入、生成对抗网络（GAN）[10]等。

（3）强化学习[11]

强化学习关注的是智能体如何在环境中采取一系列行为，从而获得最大的累积回报。通过强化学习，一个智能体将知道在什么状态下应该采取什么行为。

强化学习算法的思路非常简单，以游戏为例，如果在游戏中采取某种策略可以取得较高的得分，那么就进一步"强化"这种策略，以期继续取得较好的结果。强化学习的目标是研究智能体如何在动态系统或者环境中以"试错"的方式进行学习，通过与系统或环境进行交互获得的奖赏指导行为，从而最大化累积奖赏或长期回报。这种策略与日常生活中的各种"绩效奖励"非常类似。以Flappy bird这个前段时间风靡的游戏为例。在这个游戏中玩家通过简单点击操作来控制小鸟，躲过各种水管，小鸟飞得越远越好，因为飞得越远就能获得更高的积分奖励。

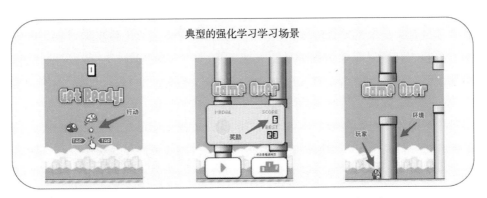

图4.5.4　用强化学习方法训练电脑玩Flappy bird游戏示意图

这就是一个典型的强化学习场景：机器有一个明确的小鸟角色——代理；需要控制小鸟飞得更远——目标；整个游戏过程中需要躲避各种水管——环境；躲避水管的方法是让小鸟用力飞一下——行动；飞得越远，就会获得越高的积分——奖励。

按照智能体能否通过模型完整了解或学习到所在的环境，现有强化学习算法大致可以分为两种主要的类别：有模型学习方法（Model-Based）与免模型学习方法（Model-Free）。其中有模型学习对所处环境有先验的认知，因而可以对决策提前考虑和规划。然而，这也对环境建模提出了较高的要求。好的模型能够极大地提高强化学习的学习效果与收敛速度，而与真实世界不一致的模型则无法起到类似的效果，甚至适得其反。为了避免不恰当模型对于算法性能的消极影响，免模型算法通过放弃模型学习，以牺牲效率的方式换取了实现上的便利以及在真实场景中更容易调整的性能。所以在这两种方法中免模型学习是目前更受欢迎，得到更多关注的方法。

4.6　机器学习的应用概况

在深度学习再次引爆机器学习热潮之后，经过将近十年的发展，机器学习在一些领域取得了长足的进步，在许多领域都涌现出了令人瞩目的成果。

● **数据挖掘**[12]

在当今的信息时代，数据正在逐渐成为像水、电、石油一样重要的资源，其巨大经济潜能正在逐渐被越来越多的人们所认可。数据挖掘，作为数据这种资源的开发算法正是开采数据金矿的最直接而有利的工具。参考百度百科的定义，数据挖掘是指从大量的数据中通过算法搜索隐藏于其中信息的过程。近年来，该技术在信息产业引起了广泛关注，被应用到了包括科学探索生产控制，市场分析，商务管理，工程设计等领域。而在所有受益于数据挖掘技术的公司之中，亚马逊无疑是其中最具代表性的一个。

亚马逊公司是美国最大的电子商务公司，也是全球最具价值和影响力的商业公司之一。其巨大的价值不光来源于庞大便捷的商务网络更在于在这一网络上无时无刻不在产生与积累的大量信息与数据。这些包括用户喜好、搜索关键词、浏览页面，停留时间、商品评价和浏览轨迹在内的重要数据让亚马逊成为了一家巨大的信息公司。而长久以来对于数据价值的高度敏感与重视，以及不断积累和提高的数据挖掘能力，使得亚马逊逐渐超越了传统的运营模式，不断进化。公司的各个业务环节可以看到"数据驱动"的身影。

亚马逊推荐：商品推荐是电商常见且重要的个性化营销手段之一。亚马逊推荐能够根据用于以往的购物记录以及和该用户有类似购物习惯与品位的其他用户的购物经验进行有效推荐。

亚马逊预测：需求预测是指平台根据用户以往的购物历史数据推断其未来可能的需求。该功能对于家电、手机、食品等刚需产品的预测准确率非常高。

亚马逊测试：除了推荐商品之外，数据挖掘还被用在用户界面的设计上。

大到网页的设计风格，小到页面中每一个按钮的位置都是亚马逊不断探索之后经过细致且谨慎的测试，根据用户反馈所得到的最优结果。

亚马逊记录：对亚马逊而言，用户的访问信息也是非常重要的数据。为了记录此种信息，公司在网页和应用中内嵌了行为数据记录程序，从而实现对于用户习惯和喜好的更加深入的了解。

数据挖掘方法的应用不仅限于上述方面。对于以亚马逊为代表的现代电商企业而言，大数据和大销量紧密相连，相互作用。销量的增加能够带动数据的增长，而对数据的分析与应用又能够很好地帮助监控当前在产品、营销、运维等各个层面的运行状态，并最大限度地开发消费潜能，从而以更低的成本提供更好的服务。

● **自然语言处理**[13]

自然语言处理是研究让计算机能够通过自然语言进行有效沟通和交流的一系列方法的总称，是人工智能领域的一个重要应用方向。其研究内容涵盖了语言学、计算机科学与数学等不同学科。由于自然语言是实现人与计算机之间进行通信的最直接有效的方式，关于它的研究由来已久，因此也取得了非常多的研究成果。

聊天\问答机器人：聊天、问答机器人是具有自然语言处理功能的，能够有效根据用户的自然语言指令或提问做出恰当回复，提供有效信息的机器学习程序。经过一段时间的研究，这些机器人已经被广泛地应用于信息和政策咨询、自动导购、产品和信息介绍、医院自动导诊等场景，极大地减轻和降低了相关人员和机构的工作压力，提升了服务效率和服务质量。

机器翻译：机器翻译顾名思义就是让计算机能够实现不同语言之间准确的转述，在国际化日益凸显的现在，该任务的需求尤为强烈。现有的机器翻译算法能够实现的主要包括：（1）通过摄像头获取图像进而对外文说明书、指示牌或菜单等文件进行实时翻译。（2）语音翻译。通过接收语音信息直接将说话人的语言用文字或者语音的方式输出，实现语音翻译。（3）跨语种信息检索。通过输入自己熟悉的语言，在外文数据库中进行检索，并将检索结果翻译之后呈现。

搜索引擎：世界最大的互联网公司之一谷歌、国内著名互联网公司百度都是依靠搜索引擎崛起的典型案例。搜索引擎是互联网与现实世界的接口，也是用户面向网络时的信息分配中心。好的搜索引擎能够快速而准确地返回用户希望检索的信息，从而提高用户的效率与体验。而搜索引擎的核心正是自然语言处理。好的搜索引擎需要能够很好地组织和解构用户的搜索请求，准确理解其中的关键词以及核心内容作为搜索依据。同时，对于被搜索的页面，如何准确提取内容的摘要，并进行高效组织与整合以更好的服务高速精准搜索也是保证搜索体验的关键。而这里，每一个环节都和自然语言处理高度相关。

舆情分析、情感分析：及时了解用户、民众、观众对于产品、公共事件以及影视节目的喜好和情绪对于企业和政府都至关重要。以此次新冠肺炎疫情为例，舆情分析能够及时发现网上零星出现的关于疫情的预警信息并且迅速提供给相关部门实现快速预警。同时，它还可以实时收集网民在隔离期间的情绪波动与需求，帮助更好地安抚疫区群众的情绪、满足他们的合理需求。它还可以帮助及时发现网民发布的求助信息，迅速且全面地发现未能及时收治的患者，并使他们尽快得到妥善的安置，为线下挨家挨户的探访查漏补缺。总体来说舆情分析能够实现的功能包括：热点识别、观点分析、主题跟踪、自动摘要、趋势分析、突发性分析、预警通报、统计报告等。它是新时期维护社会稳定，提高居民生活质量，提高企业服务水平与质量以及提高产品质量的有力指引。

● **计算机视觉**[14]

计算机视觉是人工智能领域的重要分支，它借助摄像头、红外探测仪等设备提取图像数据并借此对特定事物或进行识别和认知，从而实现甚至拓展人眼的基本功能。近期，随着深度学习的不断高速发展，计算机视觉领域也不断突破，在不少应用当中都取得了令人瞩目的成绩。

图4.6.1　计算机视觉典型应用——人脸识别

（图像源于网络 *https://ai.qq.com/product/face.shtml#search*）

人脸识别：人脸识别是通过从图像、视频甚至三维点云中采集面部特征，从而进行生物识别的技术。它是机器学习领域最成熟也最热门的几项重要应用之一。在近几年，凭借着其非接触、采集方便、无需采集者配合等优势，人脸识别正在逐渐超过指纹识别和虹膜识别成为生物识别领域的主导技术。人脑识别的具体应用包括：人脸支付、人脸开卡、人脸登录、人脸签到、人脸考勤、人脸闸机、会员识别、安防监控、相册分类和自动美颜等。该技术的出现在很大程度上提高了人们生活的安全水平，为大家的生活提供了便捷和欢乐。图4.6.1中展示的是腾讯公司研发的人脸识别与搜索功能。

视频监控分析：视频监控是利用计算机视觉技术对视觉数据，尤其是视频数据进行实时观察、异常提示、快速检索与智能分析的技术。由于摄像头的普及以及广泛应用，这一革新在给人们带来安全与便利的同时，也带来了巨大的视频监控的工作负担。长久以来依靠人力不间断地观察视频，发现异常后做出反应的模式在现今的情景下显然已经无法满足应用的需求。此时，视频监控分析技术的出现极大地缓解了这一压力。这一技术的应用能够帮助公安机关从海量的数据和密集的人流中准确地找到嫌疑人；能够帮助医生和护士迅速发现在楼道中需要立即救护的患者，为大家提供有力的安全保障和生活便利。

工业瑕疵检测：工业瑕疵诊断是工业上利用特定传感器，如工业相机、X光探测仪等，对工业产品的特定部件或特定位置进行成像，从而发现产品中瑕疵的过程。以往单纯依靠人力观察工作量巨大，还有容易受到工作者主观判断影响检测结果的问题。由于计算机具有信息获取速度快、自动处理且不知疲倦的优点，在自动化生产过程中，依靠计算机视觉技术进行工业瑕疵诊断、质量控制和工作状况监控等任务已经成为机器视觉的一个非常重要的应用领域。

图片识别分析：图像识别指的是任意给定一张图像，由计算机自动对图像中的物体、场景和事物进行分析、识别与认知的方法。其应用场景非常广泛，包括以图搜图、时尚分析、人物属性、鉴黄、车型识别、货架扫描识别、农作物病虫害识别、物体/场景识别等。一个典型的图像识别分析的应用就是拍立淘。拍立淘是阿里巴巴提供的一款图像搜索引擎。与传统的搜索引擎不同，它通过接收用户输入的图像进行搜索，以帮助用户迅速获取一些用语言无法准确描述的信息索引。如，在街上看到一件漂亮的衣服，想知道这件衣服网上哪里有买就可以使用这一应用迅速获取相关的信息。

自动驾驶/驾驶辅助：自动驾驶是通过在车辆上安装计算机、传感器等设备，实时采集道路上各种类型的图像信息（如视频图像、雷达图像、地图图像等）后，交由计算机进行数据处理，从而实现对路面情况进行实时分析预判，进而实现自动驾驶汽车到达目的地的技术。理想状况下，自动驾驶技术能够在不借助人类帮助而自主地完成驾驶任务。然而，该技术在成熟度以及与现行法律、伦理方面仍然存在着较大的进步空间。因而，现在实现应用的是计算机的辅助驾驶。在这一技术中，计算机视觉为车辆驾驶提供了关键的车辆周边的路况信息，是其关键的核心技术之一。计算机视觉技术最终的成熟，将使得完全自动驾驶在不远的将来成为可能。

医疗影像诊断：有数据表明，在医疗行业中超过90%的数据都来自于医疗影像。与人们常见的自然图像不同，医疗图像具有对比度低、伪影高噪声大、难以区分和辨别等特点。未经过专业的训练的人，要看懂医疗图像，知道这些灰色图像当中是什么尚且很难，更不用说发现医疗图像中的病灶，再进行疾病诊断了。然而，即使是有丰富经验的放射学专家，要能够准确地从几百张放射图像切片中准确找到病灶的位置，或者认定患者当前健康状况良好也是一个耗时耗力的过程，常常需要花费数十分钟的时间，这直接造成了医疗诊断过程中的一个难以逾越的瓶颈。在这样的背景之下，能够自动读片，同时辅助医生发现医学影像中潜在病灶的计算机视觉技术的需求极其强烈。经过长时间的发展，现有计算机视觉算法已经在肿瘤探测、肿瘤发展追踪、血液量化与可视化、病理解读、糖尿病视网膜病变检测等方向取得了长足的进步，极大地减轻了医生的工作负担，提高了医院的工作效率。

● 智能机器人

智能机器人是具有感觉要素、反应要素和思考要素的能够自主完成特定任务的机器的统称。在这里，感觉要素是能够帮助机器人主动的获取周围环境各种信息的传感器。它包括视觉传感器、听觉传感器、嗅觉传感器和触觉传感器等。反应要素指的是如传动装置、语音输出装置或者是用于字符和图像输出的屏幕等能够对外界输入做出反应和反馈的一系列装置。这些装置被用于具体任务的完成和动作的实施。如对工业机器人来说，机械臂被用来装配汽车的零部件；而在人形引导机器人中，语音设备被用于输出用户检索的特定信息。思考要素则是以计算机为载体，机器学习程序为内核的用于处理和分析输入数据，得到输出结果的运算程序。对工业机器人而言，面对眼前一堆散乱的零件，按照什么顺序，以什么姿势，用多大的力度来装配各个零件则是思考要素需要分析与计算的。

　　作为极具潜力的有望给世界带来颠覆性改变的技术，机器人正在不断催生这一新的工业产业形态，深刻地影响着人们的生产和生活。近年来，机器人的研究被不断推进，机器人的种类也日趋繁多。根据用途不同可以将现有的机器人大致分成以下四个类别：

图4.6.2　国产智能机器人亮相春晚
（图像取自 http://www.cnit-research.com/content/201902/32747.html ）

　　工业智能机器人：工业智能机器人依据其具体应用的不同，通常又可以分成搬运机器人、焊接机器人、喷漆机器人、装配机器人、码垛机器人等多种类型。其用途也顾名思义，可以从其命名中得知。通常情况下，工业机器人以多关节机械手或者是多自由度机械臂为主，这与人们印象中对于机器人应该具有的人的形态不同。这是为了方便其能够更好地依靠自身动力和控制能力，以实现各种复杂精密操作。随着现代社会对工业生产效率和精确度要求的不断提高，各种工业机器人的需求也随之变得越来越强烈。

　　农业智能机器人：随着当今社会城镇化的脚步不断加快，大量农村人口以各种形式向大城市集中，农村地区人口锐减，尤其是青壮年人口的密集程度下降尤为明显。这对于目前国内劳动力密集型的农业生产模式必然造成不小的冲击。同时，随着退耕还林以及城市规模的不断扩大，集中的大面积耕作区域不断缩小。如何更好地利用狭小、陡峭的土地进行耕作实现土地效能的更好利用也是现代农业生产的重要课题。对于以上两个问题，能够服务于农业生产的智能机器人都是可能的解决方案。农业机器人的应用不仅能够在很大程度上减轻劳动强度，解决农村青壮年劳动力不足的难题，而且可以提高农业劳动生产率，防止化肥、农药等有害化学物质对人体的伤害，提高作业质量，改善农业生产环境。

服务智能机器人：不仅在工业和农业领域，在人们的日常生活中也活跃着这样的一类能够帮助人们进行日常执勤、娱乐、救援、清洁、护理和对设备进行维护保养的机器人。他们有一个总称叫作服务智能机器人。虽然关于这类机器人的研制起步较晚，但是由于它和人们的生活紧密相关，这一类型的机器人具有非常好的应用前景。图4.6.2展示的就是服务型机器人在2019年春晚上的惊艳亮相。

探索智能机器人：除了以上场景之外，还有一个场景也是机器人发挥其作用的绝佳舞台，那就是极端恶劣的、不适合人类工作的环境。这些场景包括黑暗且水压极大的深海，失重的太空以及放射性、有毒或者高温等恶劣条件的工作环境。在上述领域中，水下机器人、空间机器人、飞行机器人、爆破机器人等，正起着至关重要且无可取代的作用。

军用智能机器人：军用机器人是一种用于军事领域的，能够自主完成特定军事功能的机器人种类。这类机器人的出现与发展无疑将逐渐对战场产生颠覆性的影响。原有的军力计算方式、战斗模式、战争组织形式必将随着军用机器人智能化的不断提高发生越来越显著的变化。而在现今，大狗机器人、无人机、榴炮机器人、战术侦察机器人已经开始从后勤保障、侦查打击、通信指挥等领域深刻影响现代战争的形式。然而，当今国际社会也出现了对于人工智能技术军事化的担忧。未来军事机器人将走向何方，也因此打上了一个问号。

4.7　机器学习未来的发展方向

虽然机器学习发展到现在已经在理论研究和实际应用中取得了一系列令人欢欣鼓舞的成果，让人们对机器学习的未来充满期待。然而，就目前而言，人们需要理性地看待机器学习这一充满可能但仍有漫漫长路需要探索的技术。

首先，机器学习成功的例子还仅限于对于某一特定任务，在限定环境内。以人脸识别这一相对较为成熟的应用为例。目前的人脸识别技术对于被检测人愿意配合的室内场景确实能够取得相对较好的识别水平。然而在自然场景中，由于受到光照条件、人脸姿态、物体遮挡、妆容变化、图像模糊、天气条件等一系列因素的影响，人脸识别算法的准确率则会发生大幅波动。而这种情况下，对于有着高级智能的人类而言，其识别的稳定性和可靠程度则有明显的难以超越的优势。

同时，一个训练好的、具有良好的运行效果的人脸识别算法，通常只能被用来做人脸识别，要想用同一个算法区分猫脸、狗脸、猴脸则无法直接实现，则又需要使用更多的数据、对算法进行重新训练才有可能实现较好的效果。所以说，机器学习算法确实能够在具有海量高质量数据的条件下，以较快的速度在某一特定的任务中实现专家级别的水平，变成一个"专才"。然而，想变成一个"通才"则需要对于获取技能方法归纳总结、举一反三的能力，目前还没有哪一种机器学习模型能够很好地驾驭。

机器学习存在的缺陷还有很多，发展的道路还很漫长，下面就列举机器学习的几个热门发展方向。

（1）可解释的机器学习[15]

对于做出的决定能够做出合理的解释是人类保证自己决策的正确性并且说服他人的一项重要能力。虽然机器学习技术已经取得了相当的进展和突破，但是现有算法通常只能对输入的数据给出相应的判断和预测，至于为什么得出这一判断则无法给出人类能够理解的合理解释，这是它的一个重要缺陷。这一无法解释、无法验证、无法判断决策好坏的缺陷极大地限制了该项技术在医疗、自动驾驶、核工业、航空业、智能机器人等对于决策精准度、可靠性要求极高领域的进一步拓展和应用。在这样的背景之下，让算法能够对自己决策并做出合理解释至关重要。

现有的大部分机器学习算法，尤其是以统计学作为基础理论的算法，其决策的依据往往是数据内部隐含的复杂的概率性的相关关系。一方面，在现有的算法中，尤其以深度学习为代表，涉及其中的参数规模庞大、关联复杂，包含其中的相关关系千丝万缕难以厘清；另一方面，即使能够轻易梳理数据间相关关系，对于事物进行解释这一任务而言，相关性往往更能起到启发和提示的作用，要作为决策判断的依据则不够严谨，也无法经得起细致推敲。相反，对于人类而言，给出各线索之间的因果关系则能起到更好的解释作用。这些因果关系以真实清楚的事实为依据，以逻辑正确的规则进行推导，更加符合人类的决策习惯也更为稳妥。因而，让机器学习能够自主地提取数据间的因果关系并依此作为判断的依据，是可解释性机器学习需要实现的重要任务。

（2）轻量机器学习和边缘计算[16]

边缘计算是近期兴起的一个新的概念与数据处理模式。用三亚的海鲜市场来类比描述边缘计算的概念。三亚几个大的海鲜市场都设在距离海边不远且交通发达的地区，这样海边捕捞的新鲜海鲜无需多时就能出现在市场中，供客户选购。此外，大部分商家除了售卖海鲜之外还有与之合作的海鲜加工餐馆，选购之后直接加工即可端上餐桌供食客享用。像三亚海鲜市场这种在海鲜捕捞源头附近的、集采集、存储、加工、售卖于一体的平台就可以类比成一个边缘计算的节点。概括来说，边缘计算是指靠近数据源头，同时具有网络、计算、存储、应用等核心能力的开放平台。

边缘计算这一新的形式，对于机器学习算法的部署具有众多优势。1）加快响应、降低延迟。在现实世界的许多计算场景中，如道路上高速行驶的自动驾驶汽车、正在给手术台上患者开刀的辅助手术机器人，算法对网络的响应速度具有极高的要求，以边缘计算的形式整合数据、网络和计算资源能够最大限度地保证系统的正常运行。2）提高安全性。数据中往往包含着用户的隐私或者敏感信息，如何保持数据的安全性一直以来都是研究者们考虑的重要课题。采用边缘计算这种将数据分布式存储，即采即用的使用方式极大地降低了类似云端数据仓库被攻陷所带来的大规模数据泄露的风险，提高了数据的安全性。3）模型定制化。边缘计算这种为不同应用场景配备专用数据处理设备的设定，极大地增加了模型的个性化的调整空间，使得为具体的应用场景个性化的定制服务模型，提高服务质量提供了可能。4）便于智能体之间的协作。边缘计算的采用，极大地提高了个体之间的通信速度，这也为多个智能体之间进行信息交换，实现协同合作提供了巨大的便利。

（3）量子机器学习[17]

量子计算是一种以量子力学原理为支撑的具有全新存储和运算模式的计算方法，与之对应的量子计算机则是依据该模式设计和制造的计算机，其可能达到的理论峰值计算速度将远超当前的计算机。量子计算的基本原理概括地说主要包括两个方面。1）量子力学态叠加原理使得量子计算机单位存储单元能够存储的信息更加丰富，存储效率大幅提升。（2）量子计算由于其特殊的机理，非常有利于并行计算的开展，这使得量子计算机的运行效率大幅提高。理论上来说，当量子计算机的潜能被完全开发时，对于现有计算机能够带来的性能加速将会是指数级的。然而，"天下武功唯快不破"，一旦这种计算机被研制，现有的很多技术将被淘汰（现有的密码体系将可能被瓦解），而另一些技术则将迎来新生。机器学习、人工智能就将是获益于量子计算机技术进步的领域之一。

现今社会各式各样传感器盛行，电脑网络高速发展，数据量获得了空前的积累，这为机器学习的发展提供了海量的数据基础。而要促进机器学习的进一步发展，计算能力则成了处理海量数据、从中进行快速学习所需要突破的一个重要因素。而随着量子计算机的提出和发展，计算机的运算速度或将迎来又一次质的飞跃。届时，机器学习与量子计算碰撞出的火花，一定会像AlphaGo战胜人类顶尖棋手一样再次让世人惊叹。

参考文献

[1]　Bishop C M. Pattern recognition and machine learning[M]. springer, 2006.

[2]　Kurzweil R. The age of spiritual machines: When computers exceed human intelligence[M]. Penguin, 2000.

[3]　Krizhevsky A, Sutskever I, Hinton G E. Imagenet classification with deep convolutional neural networks[C]//Advances in neural information processing systems. 2012: 1097-1105.

[4]　Hayes-Roth F, Waterman D A, Lenat D B. Building expert system[J]. 1983.

[5]　Goodfellow I, Bengio Y, Courville A. Deep learning[M]. MIT press, 2016.

[6]　张学工. 关于统计学习理论与支持向量机[J]. 自动化学报, 2000, 26(1): 32-42.

[7]　栾丽华, 吉根林. 决策树分类技术研究[D]. , 2004.

[8]　Hartigan J A, Wong M A. Algorithm AS 136: A k-means clustering algorithm[J]. Journal of the Royal Statistical Society. Series C (Applied Statistics), 1979, 28(1): 100-108.

[9]　Wold S, Esbensen K, Geladi P. Principal component analysis[J]. Chemometrics and intelligent laboratory systems, 1987, 2(1-3): 37-52.

[10]　Goodfellow I, Pouget-Abadie J, Mirza M, et al. Generative adversarial nets[C]//Advances in neural information processing systems. 2014: 2672-2680.

[11] Sutton R S, Barto A G. Introduction to reinforcement learning[M]. Cambridge: MIT press, 1998.

[12] Hand D J. Principles of data mining[J]. Drug safety, 2007, 30(7): 621-622.

[13] Manning C D, Manning C D, Schütze H. Foundations of statistical natural language processing[M]. MIT press, 1999.

[14] Forsyth D A, Ponce J. Computer vision: a modern approach[M]. Prentice Hall Professional Technical Reference, 2002.

[15] Doshi-Velez F, Kim B. Towards a rigorous science of interpretable machine learning[J]. arXiv preprint arXiv:1702.08608, 2017.

[16] Shi W, Cao J, Zhang Q, et al. Edge computing: Vision and challenges[J]. IEEE internet of things journal, 2016, 3(5): 637-646.

[17] Schuld M, Sinayskiy I, Petruccione F. An introduction to quantum machine learning[J]. Contemporary Physics, 2015, 56(2): 172-185.

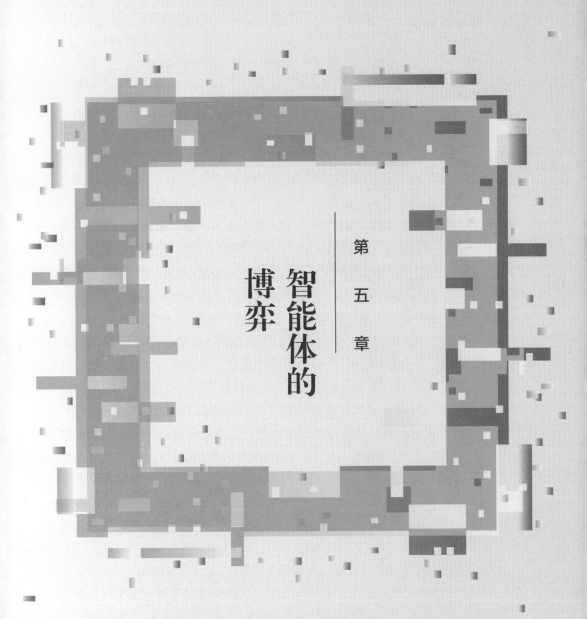

第 五 章

智能体的
博弈

5.1 博弈论概述

（1）博弈论的起源与发展

在中国古代，博和弈分别是两种游戏，博在古代写成"簙"，东汉的语言学家许慎在《说文解字》中写道："簙，局戏也，六箸十二棋也。""古者乌曹作博"。"世本也说乌曹作博"，这里面的博都是指"六博游戏"，也称为"陆博游戏"。"博"在中国古代汉语中被揭示成博戏之意。"弈"，棋之义。博弈一词最早出现在《论语·阳货》中，子曰："饱食终日，无所用心，难矣哉！不有博弈者乎？为之犹贤乎已。"孔子说，整天吃饱了饭，什么事也不做，是不行的，不是有掷采下弈的游戏吗？干干也比闲着好。这里面同样体现了"博弈"的"游戏对弈"的基本含义。从这些历史文献可以看出，早在两千多年前，博弈的思想就已经在中国开始萌芽。中国历史上极其丰富的政治、军事典籍，许多都是博弈思想的宝库，充满了博弈的案例。《孙子兵法·计篇》："兵者，诡道也。故能而示之不能，用而示之不用，近而示之远，远而示之近。利而诱之，乱而取之，实而备之，强而避之，怒而挠之，卑而骄之，佚而劳之，亲而离之，攻其无备，出其不意。此兵家之胜，不可先传也。"讲的是用兵打仗是一种诡诈之术，需要运用各种方法欺骗敌人。运用各种方法、策略和手段来达到制胜的目的，便是博弈思想的集中体现。《孙子兵法》《六韬》《吴子》《司马法》《练兵实纪》《论持久论》，这些都体现了博弈思想在中国历史上的传承发展和广泛应用。但是遗憾的是，中国古代的这些博弈思想并没有被很好地挖掘整理出来，形成一套系统的理论，现代经典博弈论并没有诞生在中国。20世纪初，西方学者在观察国际象棋、桥牌的基础上，提出并发展了现代博弈论。

现代博弈论的发展大体上可以分为四个主要阶段。一是萌芽阶段：德国哲学家和微积分奠基者莱布尼茨于1710年预言了关于策略博弈理论出现的必要和可能。1712年詹姆斯·瓦尔德格拉特（James Waldegradre）首次提出了"极小极大"策略的概念。1881年，经济学家艾奇沃斯（Edgeworth）在《数学心理学》一书中论及了策略博弈与经济过程之间的相似性。1838年古尔诺用博弈论思想研究了垄断现象。伯特兰（Joseph Bertrand）在1883年，艾奇沃斯在1925年分别研究了两寡头的产量和价格垄断问题。这个时期博弈论思想的发展具有偶然性。

二是创立阶段：20世纪初，公理集合论的大师泽莫罗（E. Zermelo）下棋证明了几个特殊的博弈定理。法国大数学家波莱尔（E. Borel）提出了"有限形式的极小极大定理"。1928年，冯·诺依曼（John von Neuman）证明了博弈论的基本原理，从而宣告了博弈论的正式诞生。后来，冯·诺依曼和摩根斯坦恩（Oskar. Morgenstern）撰写了划时代的巨著《博弈论与经济行动》，标志着博弈论作为一门独立科学的开始。《博弈论与经济行动》一书将二人博弈推广到多人博弈，并将博弈论系统地应用于经济学研究。1957年鲁斯（Luce）和拉法（Raiffa）在《游戏与决策》（*Game and Decisions*）著作中指出了博弈论在某些规范意义上的局限性。至此，博弈论迅速地发展起来，提出了适应不同实际情况的大量新的概念。

三是发展阶段：1950年约翰·纳什（John Forbes Nash Jr.）研究了合作博弈和非合作策略型博弈，证明了"纳什均衡"（Nash equilibrium），揭示了博弈均衡与经济均衡的内在联系，后来的博弈论研究基本上是围绕这条主线展开的。1965年，莱因哈德·泽尔腾（Reinhard Selten）将扩展型博弈推广为动态博弈，给出了多步博弈和子博弈完备均衡概念，发展了逆推归纳法。1967年约翰·海萨尼（John C. Harsanyi）提出了信息不完全博弈和贝叶斯均衡概念等。纳什、泽尔腾和海萨尼在以上关键问题上的突破，扩大了博弈论研究与应用的范围，达到了一个新高度，他们共同荣获了1994年的诺贝尔经济学奖。此后，威廉·维克瑞（William Vickrey）和詹姆斯·莫里斯（James A. Mirrlees）研究了机制设计理论（契约理论），主要是指不对称信息的博弈问题，由于他们对不对称信息博弈问题进行了开创性的研究，进一步拓宽了博弈论的应用范围，因此荣获了1996年的诺贝尔经济学奖。

四是成熟阶段：2001年乔治·阿克尔洛夫（George A. Akerlof）、迈克尔·斯宾塞（A. Michael Spence）、约瑟夫·斯蒂格利茨（Joseph E. Stiglitz）等人因为研究不完全信息博弈问题获得诺贝尔经济学奖；2002年弗农·史密斯（Vernon L. Smith）、丹尼尔·卡纳曼（Daniel Kahneman）因为研究实验经济学取得了较大成绩而获得诺贝尔经济学奖；2005年罗伯特·约翰·奥曼（Robert John Aumann）、托马斯·克罗姆比·谢林（Thomas Crombie Schelling）对合作博弈论问题进行了创新性的研究，获得了诺贝尔经济学奖；2007年埃里克·马斯金（Eric S. Maskin）、罗杰·迈尔森（Roger B. Myerson）、莱昂尼德·赫维奇（Leonid Hurwicz）在经济机制设计方面取得了开创性的研究成果，获得诺贝尔奖。随着博弈论理论方法的成熟，博弈论的应用范围也不断扩大，涉及经济、政治、军事、外交、科技、文化等多个方面。

（2）博弈论的内涵与定义

什么是博弈论？首先来看一下生活中常见的案例。大家在电影院看电影，突然剧场起火，火势迅速蔓延，现场慌乱，假如电影院有两个安全门，分别是1号门和2号门，匆忙之间你究竟如何逃生？你是逃向1号门还是2号门？这就要看涌向哪个门的人群更少，只有这样，你才能够顺利逃生，你的选择取决于别人的选择，根据别人的选择或方案选择对自己有利的方案这就是博弈。假如你正在用手机打电话，突然信号中断而断线，你是立即拨过去呢？还是等待对方打过来？这要看对方如何选择，如果对方立即拨过来，你的正确选择就是等待，如果对方等待，你的正确选择就是立即拨过去，否则，如果两个人同时对拨，则因为信号冲突难以实现通话，如果两个人都选择等待，那么时间就会在等待中流逝。在这里，你的选择同样取决于别人的选择。再比如打牌要看对方出什么牌来预测评估自己该出什么牌，下棋的时候根据对手的招法来确定自己的策略，在田忌赛马的故事中田忌选取什么方案，同样也要看齐王所选取的策略。

综上所述，博弈论研究的基本假设是，人都是理性的。即人们在面对一个决策问题和一个特定的情景时，都不是盲动的、没头脑的，而是能够在选择策略的时候具有明确的目标，就是使自己的利益最大化。参与竞争或斗争的各方具有不同的利益和目标，为了达到各自的利益和目标，各方必须充分考虑和评估对手可能采取的各种行动方案，并相对地选择对自己最为有利或最合理的方案。

博弈论，英文为Game Theory，俄文为Теория игр，是应用数学方法研究决策主体的行动发生直接相互作用时候的决策以及这种决策的均衡问题的一门学问。也就是说，它研究的是当一个主体，例如一个人或一个群体的选择受到其他人或其他群体选择的影响，而且反过来影响到其他人、其他群体选择时的决策问题和均衡问题。所谓均衡，即平衡（折中）的意思，一个系统或者一个变量在一系列影响因素的相互制约下所达到的一种相对静止并保持不变的状态。也就是博弈达到的一种稳定状态，没有一方愿意单独改变自己的对策，大家都愿意维持这种状态，如果有一方单方面改变了自己的策略，那么接下来的局势将会对自己不利。下面通过一个典型的博弈案例来描述对均衡的理解。

　　如图5.1.1所示，"疯狂的猎狗"案例：有一只小兔子被关在花园里，南面是个矩形，北面是半圆形。在篱笆外面有一条街道，一只凶恶的大猎狗紧贴篱笆东奔西跑，一边狂吠着，一边竭力想接近小兔，试图吃掉它。而可怜的兔子呢，当然想竭力躲避这只可怕的猎狗，设法使自己和猎狗之间的距离越远越好。按照狗（1）→兔（1'）→狗（2）→兔（2'）→狗（3）→兔（3'）→……的追逐顺序，这样一直追下去，最后兔子逃到了极限位置R，而猎狗追到D，这时候双方都感到了满足。因为兔子如果再动一动的话，距离反而会减小，而猎狗如果再走动的话，和兔子的距离反而会增大，而这都是与它们的主观愿望相违背的。于是，它们之间达到了"平衡"。距离DR，就是这一博弈的均衡"值"。

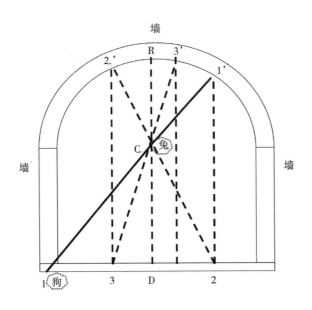

图5.1.1　均衡的理解——疯狂的猎狗案例

　　大多数专家学者把博弈论看成数学的一个分支，认为它只是一种数学分析工具，研究怎样以数学方法和模型来模拟理性决策者之间的冲突与合作。还有部分学者认为博弈论就是"对策论"。虽然博弈论和对策论几乎可以说完全相同，但是从流行的不同文献来看，两者还是有一定的区别的。博弈论的研究对象无疑是如何博弈，而对策论的研究对象则是如何对策。对如何博弈的回答，无疑更侧重于博弈的机制和均衡，强调合作与非合作；使用纳什均衡、帕雷托最优等博弈论方法研究问题，而对于如何对策的回答，则更多地侧重于策略或变量的选择，强调竞争和对抗，使用运筹学方法研究问题。博弈论更侧重于现实中的应用，更贴近于生活，旨在解决社会性问题，而对策论则更侧重于数学上的分析，更贴近于理论。

5.2　博弈模型及分类

（一）博弈模型构成

博弈论为解决博弈者的冲突和合作提供了重要的数学模型和分析方法。为了对博弈问题进行数学上的分析，必须首先建立博弈问题的数学模型，称为博弈模型。博弈模型一般都必须包括局中人、策略集合和效用函数三个基本要素。

1. 局中人（Player）

在博弈中，博弈参加者称为局中人，也叫博弈人。在二个人博弈中，有两个局中人，通常用局中人 I 和局中人 II 表示；在多个人博弈中，则有多个局中人，通常用 I 表示局中人的集合。

在博弈中，局中人并不一定都是具体的人，它可以理解为个人，也可以理解为一个集体，如球队、军队、企业等，还可以特指客观状态，如天气状况、经济形势、战场态势等。另外，在博弈中利益完全一致的参加者只能看成一个局中人，如羽毛球双打比赛，尽管各有两人，共四人参加比赛，但只能算两个局中人。

在古典博弈论中，对局中人的一个重要假设是：每个局中人都是"理性的"，即对于每一个局中人来说，都不是盲目的、没头脑的、或者感情用事的，都不存在侥幸心理，而是能够在选择策略的时候具有明确的目标，使自己的利益最大化，参与斗争的各方具有完全不同的利益的目标，为了达到各自的利益和目标，各方必须充分考虑和评估对手可能采取的各种方案，并相对选择对自己最有利的方案。

2. 策略集合（Strategy Sets）

在博弈中，局中人选择的所有策略的集合称为策略集合。参加博弈的每一个局中人都有自己的策略集合。在"田忌赛马"的案例中，如果用（上、中、下）表示以上马、中马、下马依次参赛，那么它就是一个完整的策略。可见，齐王和田忌各自都有6个策略：（上、中、下），（上、下、中），（中、上、下），（中、下、上），（下、上、中），（下、中、上）。

3. 效用函数（或支付函数Payoff）

在博弈中，局中人的策略形成的策略组称作一个局势。在多人博弈中，每个局中人都从自己的策略集合中选出一个策略，就组成了一个局势。比如"田忌赛马"中，总共有6×6=36个局势。当一个局势出现后，必然会有一个博弈结果。把这种博弈结果用数量来表示，就称作效用函数或支付函数。齐王和田忌有自己的策略集合。这样，齐王的任一策略和田忌的任一策略就构成了一个局势，齐王和田忌分别采取各自的策略从而获得各自的效用。

（二）博弈模型描述

在收益和损失明确的情况下，效用函数可以用矩阵来表示。如在二人有限零和博弈中，全部局势的效用函数可以用矩阵来表示，称作赢得矩阵(或支付矩阵)。当收益和损失不明确时，效用函数可以用函数来表示。

在田忌赛马故事中，根据已知条件：同等级马，田忌的马不如齐王的马。如果田忌的马比齐王的马高一等级，那么田忌可获胜。开始的时候，田忌采用的是对应策略，结果屡战屡败。后来田忌采取了孙膑的建议，采用了错位策略，结果反败为胜。

表5.2.1　田忌赛马矩阵博弈

局中人 ＼ 策略		田忌					
		上中下	上下中	中上下	中下上	下中上	下上中
齐王	上中下	3	1	1	1	1	−1
	上下中	1	3	1	1	−1	1
	中上下	1	−1	3	1	1	1
	中下上	−1	1	1	3	1	1
	下中上	1	1	−1	1	3	1
	下上中	1	1	1	−1	1	3

假设某个村庄有多个农户以牧羊为生，该村有一片大家都可以自由放牧的公共草地。在公共草地问题中收益和损失不明确，则效用函数可以用函数的形式来描述。由于这一片草地的面积有限，因此草地的数量只能让一定数量的羊只吃饱。如果在草地上放牧的羊只的数量超过了这个限度，每只羊都无法吃饱，从而羊的产出即毛皮肉的总价值就会减少，甚至羊只只能勉强存活或饿死。假设各个农户在确定自己养羊的数量时不知道其他农户的养羊数目，即各个农户养羊数的决策是同时做出的，这就构成了一个多个农户之间关于养羊数的博弈问题。假设有3个农户，各自养羊数分别为 q_1、q_2、q_3，每只羊的产出为养羊总数的减函数：$V=f(Q)=100-Q-(q_1+q_2+q_3)$，每只羊的成本都是 $c=4$，则会有两种情形下的效用函数：

（1）从个体利益最大化来讲，3个农户的收益函数分别为：

$R_1=q_1\cdot[100-q_1-q_2-q_3]-4\cdot q_1$，$R_2=q_2\cdot[100-q_1-q_2-q_3]-4\cdot q_2$，$R_3=q_3\cdot[100-q_1-q_2-q_3]-4\cdot q_3$。

（2）从总体利益最大化来讲，总体收益函数为：$R=100-Q$。

在博弈论中，为了分析研究问题的需要，还引入一个虚拟参与者——大自然。大自然就是指不以博弈参与者的意志为转移的外生事件，在不同的环境下会展现出各种可能发生的现象。这些现象或自然状况是以一定的概率发生的，如晴天、雨雪天、雷电等自然事件。军事行动、交通运输、工程建设等都会受到大自然的影响，此时的博弈问题就是典型的单人博弈问题。

（三）博弈分类

博弈中，策略选择是手段，效用是目的，而信息则是根据目的采取某种手段的依据。所谓"知己知彼，百战不殆"，是指在策略选择中，信息是最关键的因素，只有掌握了信息，才能准确地判断他人和自己的行动。此外，各局中人的决策有先后之分，且一个局中人要做不止一次的决策选择，就出现了顺序问题，其他要素相同行动顺序不同，博弈结果就不同。行动顺序对于博弈的结果是非常重要的，局中人可能同时行动，也可能先后行动，后行动者可以通过观察先行动者的行动来获得信息，从而调整自己的选择。综上所述，局中人、策略集合、效用函数、信息、行动顺序等因素都是影响博弈结果的重要因素。总的来说，博弈类型可以按照以下几种方式进行划分：

1.根据局中人个数，分二人博弈和多人博弈；多人博弈中局中人多于二人。一场拳击比赛是典型的二人博弈，奥运会田径比赛则是典型的多人博弈。在军事斗争中，多数情况下都是二人博弈，不管一方使用了多少种作战力量，它们代表的都是一方的利益。在"二战"中，盟军由多个国家组成，它们都代表了利益一致的正义一方，消灭法西斯力量，恢复世界和平稳定。随着军事科技发展，各个国家军费、军力迅速增长，中、法、印、俄、美等军事大国竞相进行太空作战力量部署、抢占太空战略制高点，便是典型的多人博弈。

严格地说，博弈也有单人博弈（如与自然的博弈），单人博弈即只有一个局中人的博弈。单人博弈由于不存在其他局中人对博弈中唯一局中人的反应和反作用，因此相对人数较多的博弈要简单得多。实际上，单人博弈已经退化为一般的最优化问题，因此不属于古典博弈论研究的对象。

2.根据局中人效用函数的代数和是否为零，分为零和博弈和非零和博弈，如图5.2.1、5.2.2所示。一般的赌博游戏都是零和博弈，即一方所得为另一方所失。如猜币游戏、石头剪刀布游戏等都是零和博弈。零和博弈是一种完全对抗、激烈竞争的博弈。非零和博弈包括正和博弈和负和博弈。正和博弈就是得失之和大于零、负和博弈就是得失之和小于零。在正和博弈里，虽然双方存在竞争，但是由于采取了合作的策略，双方都获得了好处，实现了互利共赢。在负和博弈中，由于双方都采取了对抗策略，拒绝合作，结果是两败俱伤的结局。负和博弈是现实中最不明智的，最后结果彼此都徒劳无功、有害无益的，应该尽量避免这种情况发生。

图5.2.1　根据效用函数代数和划分博弈类型

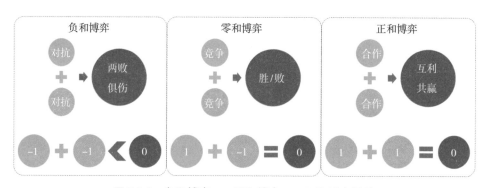

图 5.2.2　负和博弈——零和博弈——正和博弈区分

3.根据局中人是否存在合作，分合作博弈和非合作博弈，如图 5.2.3 所示，两者的区别在于参与人在博弈过程中是否能够达成一个具有约束力的协议。倘若不能，则称非合作博弈（非合作的游戏），非合作博弈是现代博弈论的研究重点。合作博弈也叫联盟博弈，主要强调的是集体主义、团体理性（集体的合理性）、效率、公平、公正；而非合作博弈则强调个人理性、个人最优决策，其结果是有时有效率，有时则不然。合作博弈大部分都是正和博弈，非合作博弈大部分都是零和博弈和负和博弈。合作博弈是关于局中人达成合作时如何分配收益的问题，同行业不同企业之间的联合定价盟约就是典型的合作博弈。

合作博弈 —— 排队候车

非合作博弈 —— 无序上车

图 5.2.3　生活中的合作博弈和非合作博弈案例

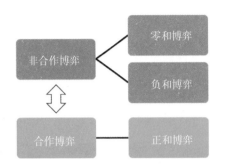

图5.2.4　合作博弈、非合作博弈与零和
博弈、负和博弈和正和博弈的关系

4.根据局中人策略集合的策略个数，分有限博弈和无限（或连续）博弈。

5.根据策略的选择是否与时间有关，分静态博弈和动态博弈。博弈过程中始终存在一个先后问题（次序），参与者的行动次序对博弈最后的均衡有直接的影响。与时间（次序）相关就是动态博弈，与时间无关（博弈人同时选取策略）就是静态博弈。由于在静态博弈中，行动或决策没有时间上的先后顺序，而是同时决策，事先不知道对手会采取什么策略，如石头剪刀布游戏、跑步比赛等。动态博弈的基本特征是各个局中人不是同时，而是依次进行选择和行动（或称行动），比如打牌、下象棋，这是动态博弈与静态博弈的根本区别。动态博弈中各局中人在关于博弈进程信息方面是不对称的，后行动的局中人有更多的信息帮助自己选择行动。参与人采取行动有先后次序，而且后行动者可以看到先行动者选择了什么行动，就是动态博弈。军事活动有大量的动态博弈，比如一方开始进攻，另一方随后调整防御部署；或一方先做出某种防御部署，另一方调整进攻部署。先行动方在做出决策时需要推测后行动方的反应，而后行动方的行动又要考虑对方随后的反应。因此与静态博弈相比，动态博弈更加复杂多变。

6.根据博弈过程中对信息的掌握情况，分为完全信息博弈和不完全信息博弈。所谓完全信息，是指博弈人相互之间对于局中人、策略集合以及效用函数都完全了解，亦即有关博弈的信息都是公开的。换一种说法，假定你和另外某个人在进行博弈，你们都知道博弈中有关的全部重要信息，你们也都知道对方知道博弈中有关的全部重要信息，你们都清楚对方知道你知晓博弈中有关的全部重要信息，如此等等。信息在博弈过程中是一个非常重要的因素。知己知彼才能百战百胜，在军事斗争中，不但要了解我情，还要了解敌情和战场环境，这样才能深入研判形势，准确判断情况。信息还可以作为一种武器，用来迷惑对方，所谓"攻心为上"，"空城计"便是很好的案例。目前人们对信息的作用和价值越来越重视，特别是在信息不对称时对个人选择和制度安排的影响，在信息经济学中导致了委托——代理机制和激励理论的产生。

时间和信息是影响博弈的重要因素，它们决定了局中人的策略空间和最优策略的选择，如图5.2.5所示。按照局中人行动的次序和对信息的掌握情况，可以把博弈分为完全信息静态博弈、完全信息动态博弈，不完全信息静态博弈和不完全信息动态博弈四种。这四种类型的博弈所讨论的对象都属于非合作博弈对象。

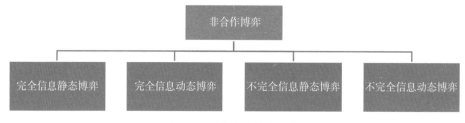

图5.2.5　非合作博弈分类

在博弈中，还有完备信息和不完备信息的区分。完备信息是指参与者能够获得其他参与者的全部行动信息，也就是说当参与者做选择的时候知道其他参与者的选择。如果行动有先后，而且后行动的参与者可以观测到先行动的参与者的行动，也是完备信息博弈。在象棋、围棋中，所有关于博弈的信息都是公开可见的，因此象棋、围棋属于完备信息博弈。不完备信息是指没有参与者能够获得其他参与者的行动信息，也就是说当参与者做选择的时候不知道其他参与者的选择。如果行动存在时间上的先后，后面行动的人无法观测到先行动者的行动，同样是不完备信息博弈。在石头剪刀布游戏中，各博弈者同时行动，所以在行动时并不清楚对方行动，属于不完备信息博弈；在打牌中，各博弈中行动有先后，且各博弈者无法知道出牌人的全部策略信息，只是看到了打出的牌面信息，也属于典型的不完备信息博弈。完备信息博弈和完全信息博弈的区别在于，完备信息强调的是是否了解其他参与者的行动信息，比如对方做出了什么行动，或者选择了什么策略，完全信息指的是参与人是否了解局中人、策略集合、效益函数等全局信息，它们所聚焦的范围不同。

7.根据博弈模型的数学特征，分为矩阵博弈、连续博弈、微分博弈、阵地博弈、凸博弈和随机博弈等。

5.3 博弈理论及方法

信息是影响博弈过程和结果的重要因素，由于外部环境的复杂性和不确定性等因素影响，通常我们无法掌握关于博弈的全部信息，这给使用博弈论方法分析研究问题带来了巨大的困难和挑战，由此不完全信息博弈成为当前热门研究领域。此外，经典博弈论方法建立在理性之上，博弈者对于利益的追求始终是优先的，因此对博弈中是否合作以及如何合作、博弈机制设计等问题研究产生了极大的推动力。下面主要对完全信息博弈、不完全信息博弈、合作博弈与非合作博弈、博弈机制等进行简要介绍。

（一）完全信息博弈

依据策略的选择是否与时间有关或行动先后次序来划分博弈类型，完全信息博弈包含了完全信息静态博弈和完全信息动态博弈。

1.完全信息静态博弈

在静态博弈中所有博弈者都是同时行动，没有先后次序。静态博弈也包含了零和博弈和非零和博弈。零和博弈通常是指矩阵博弈，即博弈中有两个局中人，每个局中人的策略都是有限的，其中一方所得为另一方所失，得失之和为零，也称为二人有限零和博弈。

在矩阵博弈中，有两个重要的概念，即纯策略和混合策略。纯策略是指局中人在其策略空间中选取唯一确定的策略，即局中人在给定的信息条件下只选择一种特定的策略或行动。混合策略是指局中人在其策略空间中选取的不是唯一确定的策略，即局中人在给定的信息条件下以某种概率分布随机地选择不同的策略或行动。矩阵博弈的解法主要有画线法、箭头法、下策消去法等。在矩阵博弈中，比较著名的案例主要有囚徒困境、军备竞赛、智猪博弈、警偷博弈等。

个体理性与集体理性的矛盾在社会经济领域是具有普遍性的一对矛盾，个体自身利益的追求往往可能会损害集体的利益。单纯地追求"个体理性"往往并不一定能够实现个体利益的最大化。如，在囚徒困境博弈中，双方博弈的原则都是选择对自己而言的最优策略，每个局中人的唯一决策目标都是追求自身的最大利益，然而到头来，却都事与愿违，得到的都不是对个人而言的最优策略。囚徒困境案例具有普遍性，在日常生活中较为常见，很多专家学者也经常使用囚徒困境案例来分析政治、经济、军事、外交等问题。

在完全信息静态博弈中有三个较为重要的模型：库尔诺博弈模型、伯特兰德价格博弈模型和特林价格博弈模型。库尔诺博弈模型是在1838年由法国经济学家奥古斯丁·库尔诺（Augustine Coumot）建立的，这是博弈最经典的模型之一。库尔诺模型的目标是通过参与方选择产量策略去最大化自己的利润函数，参与方同时行动，是完全信息静态博弈条件下的一种模型。库尔诺模型中的初始条件假设是完全信息市场中产品同质的两方博弈。很多学者在此基础上将库尔诺模型进行了推广和改进，包括多个参与方的库尔诺模型、产品异质及差异化库尔诺模型、库尔诺博弈与合作博弈的结合、不完全信息下的库尔诺模型、动态博弈下的库尔诺模型。约瑟夫·伯特兰德（Joseph Bertrand）在1883年提出了另一种形式的寡头博弈模型。这种模型与库尔诺模型的差别在于，该模型中各参与方所选择的是价格而不是产量，这就是伯特兰德价格博弈模型，也叫产品竞争与替代模型。1929年，哈罗德·霍特林（Harold Hotelling）提出了霍特林博弈竞争模型，该模型是完全信息静态博弈的一种，它开创了空间位置竞争理论的先河，空间位置的竞争的核心问题即为运输成本。

2.完全信息动态博弈

动态博弈与静态博弈根本区别在于各局中人是否同时选择或行动。在动态博弈中各局中人在关于博弈进程的信息方面是不对称的，即后行动的局中人往往有更多的信息帮助自己决策。这是后行动方的优势和有利条件，可以减少决策的盲目性，有针对性地选择合理的行动。但是并不意味着，后行动方具有较多信息就一定会有较好的结果。对于单人博弈而言，可以确定信息越多肯定收益就越大，但对二人以上的多人博弈来讲，有时却可能出现相反的情形，因为获得的信息不一定是完备的或真实的。如果动态博弈中在其他局中人行动之后轮到行动的局中人并不总是完全了解此前的全部博弈过程，称这种局中人为具有"不完备信息"的局中人。在动态博弈中还存在一个"可信性"问题。所谓可信性，是指动态博弈中先行动的局中人是否该相信后行动的局中人会采取对自己有利的或不利的行动。因为如果后行动方将来会采取对先行动方有利的行动就相当于一种"许诺"，而如果将来会采取对先行动方不利的行动则相当于一种"威胁"，因此通常可将可信性分为"许诺的可信性"和"威胁的可信性"两种。

（二）不完全信息博弈

1.不完全信息静态博弈

不完全信息静态博弈问题的理解仍以囚徒困境为例，但是相比完全信息静态博弈中的囚徒困境要复杂一些。假设囚徒之间存在情义，囚徒有讲情义和不讲情义之分。两个囚徒被警察抓获后，囚徒A是一个讲情义的囚徒，这是公共信息，但囚徒A并不清楚囚徒B是否讲情义，囚徒B知道自己是否讲情义，即囚徒B是否讲情义是一个私人信息。这就是一个不完全信息博弈，也称作不对称信息博弈。如果囚徒A认为B是一个讲情义的人，那么他们的最优策略有两个，即都招供或者都不招供。如果认为B是一个不讲情义的人，那么最优策略就是都招供。那么，到底哪一个策略才是整个博弈的均衡呢？显然无法回答，因为不知道B是否讲情义。此时需要引入海萨尼转换方法解决。

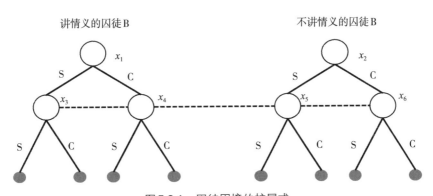

图5.3.1　囚徒困境的扩展式

海萨尼转换的基本思想是：大自然（nature）决定参与者类型的概率分布（客观状态），并且这个概率分布是公开信息。海萨尼转换是一种解决问题的思路，即在求解的过程中，自然首先对类型进行选择。海萨尼转换克服了不完全信息博弈既是两个不确定（或多个）博弈又是一个不完全信息博弈这样的矛盾，并且把不完全信息博弈转换成一个不完备信息博弈来处理。

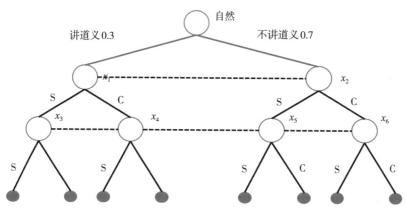

图5.3.2　海萨尼转换示意图

　　针对囚徒困境问题，海萨尼转换的基本思路是：假定囚徒B讲情义的概率为x，不讲道义的概率为1—x，这样处理就意味着囚徒A可以计算出自己采取某种策略可能实现的期望值。通过比较不同的期望值，就能得出作为一个"理性人"囚徒A应选择的策略，而囚徒B知道囚徒A会按照期望值的大小来决定相应的策略，因而囚徒B相应也知道自己应采取什么样的策略。海萨尼转换是由经济学家海萨尼在1967年提出的。也正因为这个贡献，海萨尼与纳什以及泽尔腾三人分享了1994年的诺贝尔经济学奖。

　　贝叶斯均衡是纳什均衡在不完全信息博弈中的自然扩展，常应用于解决各类博弈问题。在静态不完全信息博弈中，参与人同时行动，没有机会观察到别人的选择。给定别人的策略选择，每个参与人的最优策略依赖于自己的类型。由于每个参与人仅知道其他参与人的类型的概率分布而不知道其真实类型，参与人不可能准确地知道其他参与人实际上会选择什么策略。但是，参与人能正确地预测其他参与人的选择是如何依赖于其各自的类型的。这样，参与人决策的目标就是在给定子集的类型和别人的类型依从策略的情况下，最大化自己的期望效用。贝叶斯纳什均衡正是这样一种依从策略组合：在给定自己的类型和别人类型的概率分布情况下，每个参与人的期望效用达到了最大化。

2.不完全信息动态博弈

　　在不完全信息动态博弈中，由于信息的缺乏，后行动者往往需要通过观察先行动者的行动获得有关后者的偏好、策略空间等方面的信息，不断修正自己的判断，典型的案例就是"路遥知马力，日久见人心""黔驴技穷"等。但是，经常会出现局中人有意识地选择某种行动来张扬或掩饰自己的真实面目，如"空城计""明修栈道、暗度陈仓""声东击西"等，这就涉及信息甄别、去伪存真的问题，如"将计就计""水落石出""道远知骥、世伪知贤"等。

声明博弈是不完全信息动态博弈的特殊类型，主要研究在有私人信息和信息不对称的情况下，人们怎样通过口头或书面的声明传递信息的问题。在经济、政治、军事等活动中，拥有信息的一方如何将信息传递给缺乏信息的一方，或者反过来缺乏信息的一方如何从拥有信息的一方获得所需要的信息，以弥补信息不完全的不足，提高经济决策的准确性和效率，是博弈论和政治、经济、军事等领域研究的重要问题。因为声明也是一种行为，会对接受声明者的行为和各方的利益产生影响，因此声明和对声明的反应确实可以构成一种动态博弈关系。

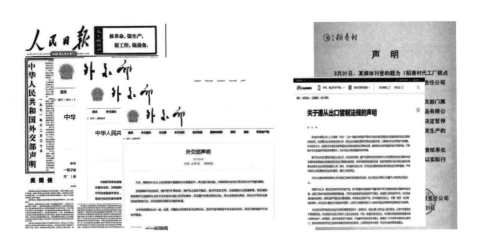

图5.3.3　声明博弈案例

（三）合作博弈与非合作博弈

在人们的社会活动中，总会使或多或少的一部分人具有一致的利益或某些利益共同点，家庭、企业、军队、国家、民族，都是因某种共同利益集结在一起的。这种情况下，参与博弈的各利益主体，为了取得更多的利益，常以若干人结成联盟，以联盟为单位进行博弈。当联盟博弈结束以后，联盟内的局中人按某种既定原则重新分配这些好处。通过这样的做法，每个人所得到的好处往往比他们单独进行博弈时要多。即使是两人博弈，由于外部条件的变化，也存在着某种联合的可能性。由此可见，只要联盟能带来更多的利益，合作就会存在。

合作博弈一般可分为双人合作博弈和多人合作博弈两种。合作博弈存在的两个基本条件是：（1）对联盟来说，整体收益大于其每个成员单独经营时的收益之和；（2）对联盟内部而言，应存在具有帕累托改进性质的分配规则，即每个成员都能获得比不加入联盟时多一些的收益。如何保证实现和满足这些条件，这是由合作博弈的本质特点决定的。也就是说，联盟内部成员之间的信息是可以互相共享的，所达成的协议必须强制执行。这些与非合作的策略型博弈中的每个局中人独立决策、没有义务去执行某种共同协议等特点形成了鲜明的对比。从现实的社会经济生活中还可以看出，能够使合作存在、巩固和发展的一个关键性因素是可转移支付（收益）的存在。即按某种分配原则，可在联盟内部成员间重新配置资源、分配收益。这就必然包含了内部成员之间的利益调整和转移支付。因此，可转移支付函数的存在，是合作博弈研究的一个基本前提条件。

合作博弈与非合作博弈的区别与联系：前者强调联盟内部的信息共享和存在有约束力的可执行协议。信息共享是形成合作的首要前提和基本条件，能够促使具有共同利益的单个局中人为了相同的目标而结成联盟。非合作博弈侧重个体行为特征研究，合作博弈着重研究集体行为特点。在合作博弈中，集体理性的实现是以个体理性的满足为条件的。因此，合作博弈问题的关键是如何在不违背个体理性的条件下实现集体理性。而集体理性目标实现的障碍是利益分配问题。合作博弈的基础或基本假设仍然是个体理性，它研究的是在个体理性条件下的合作，合作不能损害个体利益，否则宁愿采取不合作的态度，并通过自己的行动或策略去争取更大的利益。

合作中的利益分配原则不再是仅仅出于个体利益的原则，在对分配方案选择时，产生了重要的概念——公正。分配方案只有被双方都认可才能实现其合理性，才能是"公正"的。通常，当多个人一起分配某些同质的东西的时候，人们总是会认为，公平的分配就是平均的分配。然而，在另一些场合下，甚至从根本上来看，平均的分配却并不一定是公平的。公平的分配不是平均的分配，也不是双方均满意的分配，而是合理的分配。

结盟、盟约，只是博弈各方在一定形势下的权宜之计，一旦博弈的任何一方实力和需求发生变化，处于强势的博弈方就会毁弃结盟，追求自己利益的最大化。如美国宣布退出跨太平洋伙伴关系协定（TPP）、巴黎气候协定、全球移民协议、联合国教科文组织、伊朗核问题协议、《中导条约》等。博弈各方最后追求的还是永恒的利益最大化，结盟是手段，却不是最终目的。因此没有永远的敌人，也没有永远的朋友，只有永远的利益。

（四）博弈机制

在博弈过程中，经常会出现这样的情形：拥有私人信息的一方有积极性通过一定的行动向另一方传递自己的私人信息，但有时候没有积极性或没有有效的方法传递自己的私人信息。于是产生了博弈机制设计的问题，没有私人信息的一方通过设计不同的分配方案使得有私人信息的一方通过自我选择揭示自己的私人信息。机制设计可视为博弈的逆向工程，或等价地视为博弈规则的设计艺术，主要目标是实现特定的合意结果。机制设计的核心在于创造满足一定合意目标的制度或规则，以引导在制度中互动的理性局中人实施策略性行动，并保留与策略相关的私人信息。典型的案例包括分饼问题、"所罗门王断案"等。

博弈机制设计在日常生活中较为常见，如针对员工上班偷懒问题，实施奖励机制和惩罚机制，推动员工都努力工作；针对公交车拥挤问题，倡导按顺序有序上车，或人行通道规范上车秩序；在"智猪博弈"中，多劳不多得、不劳有获、劳而少获的现象至今还存在，要想改变现状，就要废除现有"大锅饭"的运行机制，设计新规则和机制，不劳不得、多劳多得，让能者多劳、愿者多干，杜绝"搭便车"现象发生，各自通过努力获得工资和奖励。

图 5.3.4　智猪博弈——搭便车现象

（五）进化（演化）博弈论

在古典博弈理论中，常常假定参与人是完全理性的，且参与人在完全信息条件下进行的，但对现实的生活中的参与人来讲，参与人的完全理性与完全信息的条件是很难实现的。在合作竞争中，参与人之间是有差别的，环境与博弈问题本身的复杂性所导致的信息不完全和参与人的有限理性问题是显而易见的。有限理性这一概念最早是由西蒙（Simon.H.A.）在研究决策问题时提出的，因为个人在以别人能够理解的方式通过语句、数字或图表来表达自己的知识或感情时是有限制的。

演化博弈理论最早源于遗传生态学家对动物和植物的冲突与合作行为的博弈分析，他们研究发现动植物演化结果在多数情况下都可以在不依赖任何理性假设的前提下用博弈论方法来解释。但直到Smith and Price在他们发表的创造性论文中首次提出演化稳定策略（evolutionary stable strategy）概念以后，才标志着演化博弈理论的正式诞生。生态学家泰勒（Taylor）和朱克（Jonker）在考察生态演化现象时首次提出了演化博弈理论的基本动态概念——模仿者动态（replicator dy—namic），这是演化博弈理论的又一次突破性发展。模仿者动态与演化稳定策略（RD&ESS）一起构成了演化博弈理论最核心的一对基本概念，它们分别表征演化博弈的稳定状态和向这种稳定状态的动态收敛过程，ESS概念的拓展和动态化构成了演化博弈论发展的主要内容。

5.4　博弈论的应用

进入21世纪后，博弈论蓬勃发展，已经成为经济学的标准分析工具之一，在政治学、经济学、管理学、国际关系、生物学、计算机科学、军事学和其他很多学科都有着广泛的应用。

（一）博弈论在计算机科学中的应用

从20世纪末，博弈论开始成为计算机科学领域的主要研究对象，得到了诸多世界各大著名高校和研究机构的重点研究，博弈论与计算机科学、多智能体系统迅速融合，会议和论文如雨后春笋般出现，算法博弈论（Algorithmic game theeory）、算法机制设计、算法实验博弈论等新概念新方法应运而生。其中，算法博弈论是从计算机科学的维度研究博弈论，包括可计算性、复杂性和算法设计等，在市场行为、交通道路设计、导航问题、在线广告拍卖、选举等方面具有研究和应用。博弈论作为一种重要的数学分析方法和工具，尤其是博弈对抗思维和纳什均衡、帕累托最优等方法在计算机科学领域有着非常广泛的应用，主要包括人工智能、信息安全与密码协议、网络分配与网络安全、人机交互等方面，如各种均衡的计算及复杂性问题、机制设计（包括在线拍卖、在线广告）、计算社会选择、棋牌博弈、安全领域的资源分配及调度等，取得了一系列重要的进展。

在网络资源分配方面，博弈论被广泛用于设计和分析包括异构无线网络、认知无线网络、无线自组织网络等各类网络系统，使用了包括维克里（Vickery）拍卖博弈、Stackelberg博弈、纳什均衡、贝叶斯博弈、合作博弈与非合作博弈、概率投票（probabilistic boting）博弈等方法模型较好地解决了网络选择、接纳控制、负载均衡、带宽和功率控制、功耗控制、动态频谱接入、5G网络的缓存优化、网络节点激励等问题；在网络安全方面，提出了基于随机博弈机制构建网络安防算法、构建网络攻防模型评估网络安全风险、基于贝叶斯博弈的最优防御策略选取、构建Markov微分博弈模型分析网络安全、构建基于不完全信息博弈的移动目标最优防御策略模型分析网络安全防御策略、基于模糊博弈规则的网络节点入侵风险评估、基于Stackelberg攻防博弈的网络系统安全控制机制优化、基于扩展式博弈的网络安全防御策略、基于攻防信号博弈的APT攻击防御决策方法等研究思路和方法，产生了较好的经济效益。

在信息安全与密码学方面，现有大部分研究集中在使用完全信息静态与动态博弈、不完全信息静态与动态博弈、随机博弈、演化博弈等方法解决信息安全攻防博弈和密码协议等问题，研究对象包括信息战、容忍入侵系统、企业网络、智能电网、自适应软件系统、自组织网络、无线传感器网络等方面，主要聚焦信息安全攻防策略分析以及各种博弈论方法的运用，探讨响应策略、资源配置、恶意软件检测器防止等具体问题。随着当前网络技术的飞速发展，信息安全环境极其复杂，面对的不确定性因素较多，攻击手段越来越多样化，对于攻防对抗建模、博弈机制设计、网络拓扑研究等带来了巨大的问题和挑战。在密码协议方面，博弈论的研究主要集中在理性交换协议（Rational Exchange Protocol）、理性秘密共享（Rational Secret Sharing）和理性安全多方计算（Rational Secure Multiparty Computation）、机制设计等方面，主要目标是借助博弈论的思想和方法改变传统密码学的安全性和公平性。

在人工智能方面，博弈论在人机对弈、模式识别、自动工程和知识工程等领域均有大量的研究和应用。尤其在人机对弈方面，计算机博弈（机器博弈）是热门研究方向，也是人工智能领域的重要研究方向。机器博弈是指构建和训练计算机系统，使之能够模拟人类在博弈环境中的信息获取、信息分析、智能决策和自动学习的一系列行为，成为一个博弈智能体。博弈论的应用主要体现在国际象棋、围棋、桥牌、德州扑克等棋牌类人工智能系统研究中，其标志性成果主要体现在机器博弈技术的阶段性重大进展：1953年，英国数学家阿兰·图灵首先提出机器思维的问题，发表《计算机和智能》《机器能思考吗》，并编写了第一个博弈程序；1958年，IBM704成为第一台能同人下棋的计算机，大概每秒能够计算200步；1980年卡内基梅隆大学计算机程序打败了当时西洋双陆棋世界冠军路易·维拉（Luigi Villa），开创了机器博弈打败人类顶尖棋手的先河；1997年，IBM设计的"深蓝"计算机以3.5 ∶ 2.5战胜世界棋王卡斯帕罗夫，标志着计算机象棋水平达到了人类国际大师水平；2016-2017年，美国谷歌开发的阿尔法狗围棋（AlphaGo、AlphaZero）系统击败人类职业围棋选手李世石、柯杰等人，AlphaGo集成了深度学习、强化学习、蒙特卡洛树搜索，并取得了成功；2017年卡耐基梅隆大学研发的Libratus人工智能系统战胜人类顶级德州扑克选手，和AlphaGo不同的是Libratus没有使用任何机器学习的方法，博弈论就是核心思想，Libratus的策略基于扑克博弈的近似均衡。围棋比赛本身是一种完全信息博弈，而扑克是不完全信息博弈（玩家不能观测到对手手中的牌），因此比完全信息博弈更难解决。Libratus的解决思路主要包括：一是原始博弈被近似为更小的抽象博弈，保留了最初博弈的战略结构；二是计算出小的抽象博弈中的近似均衡；三是用逆映射程序的方法从抽象博弈的近似均衡建立一个原始博弈的策略。Libratus的成功必须归功于算法博弈论最近几年的进展。

在2015年初《科学》杂志发布的一篇论文中，加拿大阿尔伯塔大学计算机科学教授Michael Bowling带领的研究小组介绍了求解有上限投注德州扑克博弈均衡的算法，基于该均衡策略的程序Cepheus是接近完美的有上限投注德州扑克计算机玩家，以致于人类玩家终其一生也无法战胜它。需要注意的是，有上限投注德州扑克博弈比无上限投注德州扑克博弈要容易求解。2019年美国科学家开发出一种新的人工智能程序"合众为一"（Pluribus）在6人无限制德州扑克比赛中击败了6名全球顶尖选手，这是人工智能发展史上的一座新的里程碑。围棋和扑克在本质上都是博弈问题，一个是完备信息博弈，一个是不完备信息博弈。因此，博弈论与计算机技术融合发展可以分成两个部分：完备信息博弈和非完备信息博弈技术，完备信息博弈领域的发展已经非常成熟。一般来说，非完备信息机器博弈又包括确定型和随机性两种，幻影围棋、四国军棋等属于确定型，而桥牌、德州扑克等牌类游戏属于随机性的。随机性的、非完备信息博弈问题具备更高的复杂度。不确定性使得游戏的建模和决策过程更为复杂。随着不完全信息博弈、随机环境博弈搜索算法的不断完善，机器博弈技术在兵棋推演和战略、战役和战术博弈中加以应用。

图5.4.1　计算机博弈中的人机对弈

（二）博弈论在军事中的应用

博弈论在军事科学中有着广泛的应用。军事科学以战争为研究对象，而战争是有自己特殊的内涵和规律性的。同时，战争是极其复杂的社会现象，是敌对双方力量的总较量，战争的准备和实施涉及各个方面。博弈论是研究冲突局势下竞争者如何选择最优策略的一种方法，基本思想是立足于最坏的情况，争取最好的结果。在军事斗争中，通常并不掌握对方如何打算和行动的充足情报，在这种不确定情况下博弈论就有了用武之地。如在对方采用一系列不同战术的条件下，如何选择己方的有效战术问题；在受对方攻击的情况下，如何设置假情报和设施伪装的问题。现代信息化战争具有规模大、高速、动态、多维、时变、不确定性影响大等显著特点，攻防双方的作战行动与策略高度关联，互相对立、制约和激励，共存于博弈的统一体中。虽然攻防双方的作战行动特点、手段与优势不同，从作战目的来讲，攻防双方都希望达到作战胜利，在攻防对抗过程中利用各种策略、方法和手段千方百计地战胜对手。从博弈的角度来讲，攻防对抗作战具有非合作、不完全信息动态博弈等显著特性，面临多样多变的信息欺骗、策略迷惑和诸多复杂不确定性因素的考验，在实时或近实的条件下做出正确判断与决策的难度大、要求高，尤其是对作战指挥决策的时效性、应变性和预见性提出了较高要求。

博弈论在军事运筹、军事对抗、作战决策、能力和效能评估、装备采购等方面均有重要应用，主要有：（1）军事策略博弈，敌我军事策略的交互应对，声明博弈，信息博弈；（2）作战行动推绎，基于线性推理链的敌我行动方案/策略动态博弈；（3）多智能体攻防对抗建模与决策，攻防对抗综合数学模型构建，攻防双方的最佳策略选择，不完全信息动态博弈下的实时决策典型场景如空战、防空反导等；（4）作战仿真模拟，基于人工智能和机器博弈的作战行动推演与计算机模拟等。

此外，国内学者还提出了博弈控制论方法解决攻防对抗博弈建模与求解问题。博弈控制论源于博弈论和控制论，是博弈论思想和控制论方法的巧妙结合。博弈论就是研究冲突者如何选择最优策略的一种方法，其基本思想可以概括为"立足于最坏的情况争取最好的结果"或"从最坏处着想，向最好处努力"。控制论方法的核心在于"回路反馈"和"调整修正"。博弈控制论的基本含义是，在作战决策和指挥控制中，都要基于博弈论方法解决非合作不完全信息动态博弈的根本问题（即分析判断敌人可能采取的作战行动和策略方案，从而相对地选择对自己最有利或最合理的方案，策略博弈），都要基于控制论方法对作战决策和行动进行"反馈修正"。类似于OODA环理论的"观察—调整—决策—行动"，博弈控制论更加重视博弈对抗思维，强调"基于敌人的战术策略分析判断、调整和决策"，决策和控制的前提与依据都是综合考虑敌人的战术策略和行动方案。如下图5.4.2所示，博弈控制论方法是一个不断进行策略博弈分析、反馈修正的循环过程，其基本步骤包括但不局限于：观察→博弈→修正→行动。博弈控制论主要用于军事策略分析、作战行动推演、对抗建模、攻防对抗复杂系统设计中。

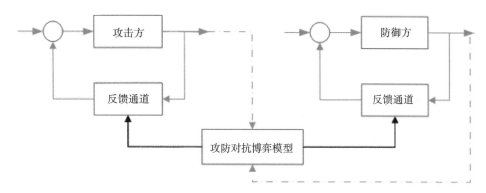

图 5.4.2　博弈控制论模型

博弈论在军事中的应用还体现在机器博弈技术。近些年，机器博弈技术在军事中受到了较多的关注：基于机器博弈的无人战斗机空战建模与仿真，分析了空战决策的机器博弈系统构成，研究机器博弈技术在空战决策系统中的应用；针对无人机在空战中的自主决策问题，将微分对策与机器博弈相结合，通过引入机器博弈中的"变值"思想，改进传统的以"角度优势"作为支付函数的微分对策模型；机器博弈海战兵棋推演系统的设计实现，分析基于机器博弈海战兵棋推演的基本原理，阐述机器博弈海战兵棋推演系统的具体设计方法，包括棋盘表示、兵力表示、规则设计、态势评估和搜索策略等技术难点。近些年，国内还组织举办了人机对抗赛、兵棋推演大赛等，其中就使用了机器博弈技术。从及其博弈技术特点来看，它主要适合应用于作战仿真模拟和作战推演中。国外关于机器博弈在军事方面的应用研究相对较多，技术领先。早在20世纪60年代美国和前苏联就尝试使用计算机进行战争模拟和决策，但是由于计算机技术的限制，计算机模拟和决策效果并不明显。90年代初期，计算机技术和通信手段发展迅速，作战行动的计算机仿真模拟技术迅速发展，后来还把计算机游戏引入空军的日常训练之中。1990年美军曾利用超级计算机对"沙漠风暴"行动进行了战略模拟，计算机模拟发挥了重大作用。自90年代起美英等国空军均对计算机游戏产生了极大的兴趣，并把计算机游戏训练作为部队作战准备的关键环节。作战推演研究的对象是战争，战争是极其复杂的社会现象，是敌我双方综合力量的综合较量，战争的准备和实施涉及各个方面。从系统特点来看，战争又是一个庞大而复杂的系统，作战要素繁多、关系错综复杂、对抗活动高度动态，不确定性因素影响较大，因此对作战推演模拟提出了更高的要求和较大的困难。凭借自身的特点和优势，机器博弈在作战推演中的地位重要、作用巨大。作战推演涉及了参演人员、作战部队、战场环境和导演导调机构等，涵盖了陆、海、空、天、网络、电磁、核等多级多类作战兵力和武器装备，以及各类作战数据、作战规则和作战约束限制等，是对抗双方高度互动博弈的过程，这点恰恰与机器博弈模拟棋牌类游戏过程和决策思路相似，但是又比机器博弈模拟的棋牌类游戏难度要大得多、关系要复杂得多、不确定性影响要更大，属于非合作、不完全且不完备信息动态博弈过程。

5.5　未来展望

进入21世纪后，博弈论发展迅速，尤其在2005至2015年的十年间里博弈论研究进入热潮，产生了大量的研究成果。但在近些年，关于博弈论的研究又进入低谷期，成果数量逐年减少。尽管当前博弈论在理论研究和应用研究方面都取得了较大的成绩，但是国内大部分研究都属于应用探索研究，注重应用博弈论思想和方法解决某一类问题，缺少对博弈论理论方法的研究，而国外的研究大多集中在理论方法上的创新。从现有研究对于博弈理论的关注度来看，未来博弈论将会在不完全信息动态博弈、非合作博弈理论、合作博弈理论、实验博弈论、进化（演化）博弈论等方面进一步发展，并与人工智能理论和技术进行深度结合，未来在计算机科学、生物学、经济学、金融学和军事对抗领域有重要的应用。

参考文献

[1]　熊义杰. 现代博弈论基础 [M]，国防工业出版社，2010.

[2]　赫伯特·金迪斯. 演化博弈论 [M]，中国人民大学出版社，2015.

[3]　Agliari A，Gardini L，Puu T. The dynamics of a triopoly coulnot game[J]. Chaos,Solitons andFractal s，2000,11(15): 2 531—2 560.

[4] Agiza H N，Hegazi A S，Elsadny A．A．Complex dynamics and synchronization of duopoly game with bounded rationality[J]．Mathematics and Computers in Simulation，2002，58(2)：133—146.

[5] David G，Tammy L，Gordon W．Toward a theory of competitive heterogeneity[J]．Strategic Management Journal，2003，24(10)：889—902.

[6] Cox R F．Strategic transfer pricing，Absorption costing and vertical integration[J]．Management Accounting Research，2000，11(3)：327—348.

[7] Osborne, M. and A. Rubinstein，1994，A Course in Game Theory, Cambridge and London: The MIT Press.

[8] Myerson, R., 1991, Game Theory: Analysis of Conflict. Cambridge and London: Harvard University Press.

[9] Kelly, Anthony: Decision Making Using Game Theory - An Introduction for Managers, 2003.

[10] Dixit, Avinash K./ Skeath, Susan: Games of Strategy, 1999.

[11] 赵德余.政策模拟与实验：上海人民出版社，2015.06：第95页.

[12] 郑辰煦.完全信息静态博弈模型文献综述[J].现代工业经济和信息化，2017（24）：16-18.

[13] Hotelling H．Stability in cnmpetition[J]-Economic Journal，1929，135(39)：41—57.

[14] Gao H，Hu J，Mazalov V．Shchiptsova A，Song L Tokareva J．Location-price Game-theoretic Model and Applications in Transportation Networks[J]．Procedia Computer Science，2014，31：754—757.

[15] 张先剑,杨乐平.空天防御作战规划问题研究[J].国防科技,2018,39(6):20-26.

[16] 倪明珠,唐永忠,刘婷婷.基于演化博弈论的PPP项目再谈判策略分析[J].工程管理学报,2019.

[17] 盛鑫,陈长彬.政府行为对供应链金融业务协同发展的影响—基于演化博弈论的研究[J].技术经济与管理研究,2019,(2):81-85.

[18] 王娟,李玉海.基于演化博弈论的政府开放数据质量控制机制研究[J].现代情报,2019,39(1):93-102.

[19] 刘成福,张程.对抗条件下基于演化博弈论的陆路军事运输决策问题研究[J].军事交通学院学报,2018,20(6):9-13.

[20] 蒋和胜,王蕾.农产品价格保险发展中政府与商业保险企业的合作机制研究—基于演化博弈论的视角[J].农村经济,2018,(8):62-68.

[21] 刘烨.基于主观博弈论的多重均衡演化仿真研究[D].江苏:扬州大学,2019.

[22] 鞠治安.博弈论的演化路径研究[D].贵州:贵州大学,2017.

[23] 崔裕枫.基于演化博弈论的行人与机动车冲突仿真模型研究[D].北京:北京交通大

学,2017.

[24] 陈翔宇.演化博弈论中迁移机制对合作影响的研究[D].杭州电子科技大学,2016.

[25] 侯薇.基于博弈论的协同演化算法研究[D].黑龙江:哈尔滨工程大学,2014.

[26] 彭捡.复杂网络上的多策略演化博弈研究[D].华北电力大学;华北电力大学(北京),2018.

[27] 李楠.基于演化博弈论的协同进化算法的研究和应用[D].华北电力大学;华北电力大学(北京),2011.

[28] 王增光,卢昱,李玺,等.静态贝叶斯博弈最优防御策略选取方法[J].西安电子科技大学学报（自然科学版）,2019,46(5):55-61.

[29] [14]张恒巍,余定坤,韩继红,等.信号博弈网络安全威胁评估方法[J].西安电子科技大学学报（自然科学版）,2016,43(3):137-143.

[30] 张恒巍,余定坤,韩继红,等.基于攻防信号博弈模型的防御策略选取方法[J].通信学报,2016,37(5):51-61.

[31] 王晋东,余定坤,张恒巍,等.静态贝叶斯博弈主动防御策略选取方法[J].西安电子科技大学学报（自然科学版）,2016,(1):144-150.

[32] 林旺群,王慧,刘家红,等.基于非合作动态博弈的网络安全主动防御技术研究[J].计算机研究与发展,2011,48(2):306-316.

[33] 刘江,张红旗,刘艺.基于不完全信息动态博弈的动态目标防御最优策略选取研究[J].电子学报,2018,46(1):82-89. DOI:10.3969/j.issn.0372-2112.2018.01.012.

[34] 贾春福,钟安鸣,张炜,等.网络安全不完全信息动态博弈模型[J].计算机研究与发展,2006,43(z2):530-533.

[35] 张先剑.空陆攻防博弈的动态武器目标分配[J].国防科技大学学报,2019,41(2):185-190.

[36] 苑迎,王翠荣,王聪,等.基于非完全信息博弈的云资源分配模型[J].计算机研究与发展,2016,53(6):1342-1351.

[37] 孙庆文,陆柳,严广乐,等.不完全信息条件下演化博弈均衡的稳定性分析[J].系统工程理论与实践,2003,23(7):11-16.

[38] 陈琦琼.不确定变分不等式及其在非合作博弈中的应用[D].江苏:南京理工大学,2017.

[39] 周海英.广义随机线性系统的非合作微分博弈及应用研究[D].广东:广东工业大学,2015.

[40] 张建良.基于非合作博弈的分布式优化模型及算法研究[D].浙江:浙江大学,2014.

[41] 林雅宁.合作型博弈中Pareto最优性的研究[D].山东:山东科技大学,2018.

[42] 刘雪松.基于策略更新机制的合作演化研究[D].辽宁:大连理工大学,2017.

[43] 赵小薇.基于博弈策略与迁移机制的群体合作演化研究[D].辽宁:大连理工大学,2017.

[44] 薛磊.基于博弈论的多智能体协同控制若干问题研究[D].江苏:东南大学,2017.

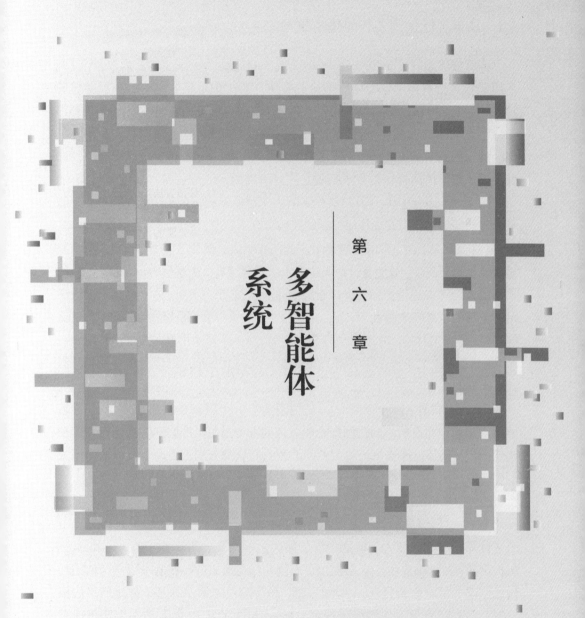

第 六 章

多智能体
系统

6.1　从单智能体到多智能体系统

多智能体系统（multi-agent system 或 multiagent system，简记为 MAS），顾名思义，是指由多个智能体所构成的系统。它汇聚了组成它的单个智能体的功能，并且具有由于数量的叠加所带来的集体（collective）特性，即拥有了"1+1>2"的非线性叠加特性。为了更好地理解多智能体系统，可先了解智能体。前面的章节已经详细介绍了智能体的完整要素和主要体系结构框架等，此处主要从智能体到 MAS 的发展历史角度进行回顾。

智能体（agent），是计算机科学或者人工智能领域一个非常重要的概念。能够思想并能够与环境或者其他智能体进行交互的对象，可以抽象为一个智能体。Agent 这个英文单词出现的时间很早，远在智能体的概念出现之前，它的原本意思主要是指（企业、政治等；演员、音乐家、运动员、作家等的）代理人、经纪人；敌方特务；原动力、动因；（化学）剂；实施者，行为主体。可见，现在学术界所指的智能体最贴近"行为主体"这一个含义。国内曾经将 agent 译为艾真体，但目前艾真体这一称呼已经越来越少见。Agent 概念中最重要的两个限定词是"思想"和"交互"，所以有这两个特性的实体几乎都可以建模成智能体，因此一个智能体可以是一个程序、一个进程、一个线程、一个浏览器、一台电脑、一辆车、**一个机器人**、一个自然人、一家企业、一个国家等。智能体对象随需求解的问题不同而有所不同，例如企事业之间商务上的经济博弈常常把企业、公司建模成智能体；操作系统对大量的线程进行资源分配，则每个线程被建模成了智能体；玩街机游戏（Atari）能够超过人类玩家的程序也是一个智能体，这个智能体跟街机游戏的接口打交道[1, 2]。

Agent 这一概念的最早提出者已难以考证，但多数人相信它是在1951年由著名计算机科学家和人工智能学科创始人之一马文·明斯基（Marvin Minsky）所提出的[3]。明斯基在1951年提出了思维萌发与形成的一些基本论点，他同时构思、建造了一台名为 Snarc 的学习机。该学习机是第一款基于神经网络的模拟器，主要用来学习如何穿越迷宫。Snarc 包含了40个 agent 和一个穿越迷宫成功后给予奖励的系统。Snarc 虽然较粗糙和不够灵活，但"思想"和"交互"的理念已经开始体现。尽管 Snarc 存在不足，但是可以看出 agent 概念的出现早于人工智能的概念以及人工智能学科的创立（1956年明斯基、麦卡锡、罗彻斯特和香农共同召集的达特茅斯会议提出了人工智能的概念，同时标志着人工智能学科的创立）。1969年，明斯基因为在人工智能方面的杰出贡献获得了有计算机领域诺贝尔奖之称的图灵奖。1986年明斯基的著作《心智的社会》（The society of Mind）进一步将社会和社会行为的概念引进智能体计算系统（称为心智社会）中。

智能体是一个易于意会但是难以言传的概念，因此给它一个明确的定义就如给人工智能一个明确的定义那样困难。不同的研究人员或研究组织，例如FIPA（Foundation for Intelligent Physical agent）组织、著名智能体理论研究学者伍尔德里奇（Wooldridge）[4]、著名学者富兰克林（Franklin）和格雷瑟（Graesser）、著名人工智能学者美国斯坦福大学的海斯–罗斯（Hayes-Roth）、智能体研究的先行者之一美国的麦克斯（Macs），他们对智能体有不同的定义，但从这些定义中可以提取出一些共同的特性，即智能体一般会具有的特性[5]：（1）自主性（autonomy），即智能体能根据外界状态及自身状态调整自己的行为与状态，具有自我调节、自我管理的能力。（2）反应性（reactive），对外界的刺激作出反应的能力。（3）主动性（Proactive），主动感受外界环境的改变并主动采取活动的能力。（4）社会性（Social），具有与其他智能体或人进行协作或竞争的能力，不同的智能体可根据各自的意图与其他智能体进行交互，以达到解决问题的目的。（5）进化性（evolutionary），智能体能积累或学习经验和知识，并提高自己在环境中的表现。

从问题求解过程及技术来看，智能体技术是面向过程技术、面向对象技术之后的又一次技术飞跃。该技术基于智能体，而智能体是具有心智状态和智能的对象，所以智能体本身可以用面向对象技术构造。智能体与普通计算对象的共同之处在于都具有标识、状态、行为和接口，而不同之处在于：普通对象一般不具有进化性、普通对象一般只封装状态不封装行为、智能体之间有知识的传递和信息的通信[6, 7]。

对应地，多智能体系统（MAS），是由多个智能的相互作用的智能体所构成的计算系统[8]。它们共享在一个共同的环境中，利用传感器感知并利用执行器行动。多智能系统可以解决单个智能体或单个整体系统（monolithic system）难以解决或无法解决的问题，例如围捕、抬运等问题，这些问题广泛地见于机器人、分布式控制、物流和经济等活动中。

MAS 的定义中涉及智能体和环境，其中，智能体可以分类成被动智能体（即智能体无明确目标），主动自然体，认知智能体等。MAS中的智能体常常具有自主性、局部观测性和去中心化的特点，否则一个MAS几乎可以被视作一个大的智能体。环境可以分类为虚拟环境、离散环境、连续环境等。当然，智能体和环境的分类还有很多其他的标准，例如可以从可获得性（accessibility）、确定性（determinism）、动力学（dynamic）、周期性等方面划分。MAS一般具有如下特征[9]：（1）协作性。多个智能体之间可以进行协作（cooperation），解决单个智能体无法或者难以解决的问题；（2）并行性。多个智能体可以提高求解具有时间并行性、空间并行性、资源并行性等特性的问题的质量和效率；（3）鲁棒性。可以容忍个别智能体的错误或者崩溃；（4）扩展性。智能体之间一般是松散耦合的，因此具有较好的容错性、可重用性、可扩展性；（5）分布性。MAS的数据、资源等分散在系统环境的各个智能体中。

　　多智能体系统提供了一种看待问题和求解问题的分布式的视角，即把控制权限和求解策略下放到各个智能体上，各智能体较独立地做出思考和判断、行动，也影响周围环境（包括周围智能体）并接受周围环境的影响。考察一个MAS的好坏，常常可以从多个维度上综合考量。以多机器人系统（multi-robot system，MRS）作为MAS的一个例子来说，这些考察维度可以从14个方面[10]考虑：（1）鲁棒性（Robustness）——个别机器人故障或被破坏，系统仍能工作的能力；（2）最优化（Optimization）——对动态环境有优化反应；（3）速度（Speed）——对动态环境反应要迅速；（4）可扩展性（Extensibility）——扩展新功能的能力；（5）通信（Communication）——对通信失效或者通信受限有很强的鲁棒性；（6）资源（Resource）——优化利用现有的资源；（7）分配（Allocation）——优化分配，确定个体机器人的任务；（8）异质性（Heterogeneity）——成功的体系结构应当对同质、异质机器人同样适用。（9）角色（Roles）——机器人充分利用资源完成多个角色的功能；（10）新输入（New Input）——应对动态性变化的能力，如新任务、新资源、新角色；（11）灵活性（Flexibility）——适应不同的任务，重新配置的能力；（12）流动性（Fluidity）——适应在操作过程中成员的增加或减少；（13）学习（Learning）——在线调整相关参数；（14）实现（Implementation）——在物理系统上实现和验证。不同的机器人任务，对考察维度的倾向可能会有所不同，有的要求速度（如灾难救援机器人），有的要求角色分配要合适（如机器人足球赛、抬运系统）。

本章反复提到了几个有关合作或协作的概念。在英文中至少有4个词与之相关，本章所说的协作是cooperation，这个单词是指为了共同的目的而采取的一些合作性的行为；单词coordination，指的是协调配合，即由于一些冲突从而需要配合的情形；单词collective则是指集体行为，常用于群机器人系统中，是指简单的行为所涌现出来的集体行为；collaboration则是指有差别的能力进行互补合作。

在生物学或者社会学等领域，有一类研究种群行为的方法称之为基于智能体的模型（agent-based model，ABM）。MAS与ABM有很多的相似性，但目的不一样：后者是通过仿真、统计等手段，解释生物、社会等系统为什么遵循简单的几条规则就能出现集群行为（collective behavior），例如ABM研究自然系统中鸟群蜂群等群体的行为特点；而MAS解决实际的或者工程的问题，即以改造世界为目的。

自20世纪70年代后期以来，多智能体系统研究逐渐成为研究热点，尤其是在机器人、人工生命和知识获取等领域[11]。MAS在计算机领域的研究点更偏向理论和认知，而在机器人领域更偏向协作或对抗以及对环境的认识与改造。当前MAS领域的研究热点包括：面向智能体的软件工程，信念、欲望和意图（BDI），协作与协调，分布式约束优化（DCOP），组织学，通信，谈判，分布式问题解决，多智能体学习，智能体挖掘，科学社区（例如生物群聚，语言进化，开源软件社区和经济学），可靠性和容错，**多机器人系统（MRS）**，机器人集群（swarm）等。下面我们将介绍几个经典的多智能体系统（多机器人系统），了解系统的功能、组成、挑战，为后文梳理研究现状和趋势提供初步的直观的认识。

6.2　一些典型MAS实例

（1）足球赛机器人（RoboCup）

机器人足球赛（robot soccer）是一个典型的MAS，一方的智能体之间相互协作来对抗另一方MAS，因此这是一个既有协作又有对抗的环境。这个系统的构成包括各个机器人和球、球场、球门等，如图6.2.1。

图6.2.1 机器人足球赛标准平台赛

（图选自Robocup官网）

RoboCup比赛目前有六个主要比赛领域，每个领域都有多个联赛和子联赛，包括：机器人世界杯足球联赛、标准平台联赛（以前称为四足联）、小型联赛、中型联赛、模拟联赛（2D足球模拟，3D足球模拟）、人形机器人联赛等。

在标准平台联赛中，所有团队都使用相同（即标准）的机器人，使团队可以专注于软件开发而不是机器人的机制，此外机器人需要完全自主运行，也就是说，在游戏过程中，没有人或计算机的远程控制。

RoboCup赛事的梦想是，到21世纪中叶，能够有一支完全自主的类人机器人足球运动员队伍，在对抗最近的世界杯冠军的足球比赛中，赢得一场遵守FIFA官方规则的比赛。此项赛事的主要目的是以RoboCup为工具，以一个吸引公众的但艰巨的挑战来促进机器人技术和人工智能（AI）研究。一个能踢足球的机器人本身不会产生重大的社会和经济影响，但是多机器人协作踢赢一场比赛无疑将被视为该领域的一项重大成就。

官方认为，这一梦想将是未来50年机器人技术和AI社区共同面临的重大牵引之一。鉴于当今的技术水平，这个目标听起来可能过于雄心勃勃，但官方认为，设定并追求一个这样的长期目标很重要。

经过多年的发展，机器人足球赛取得了较大的进展，但仍需要在多个研究方面进行突破。RoboCup的研究包括：第一是多机器人之间的架构（architecture）研究。架构牵涉计算的快速性、方便性，因此会是集中式和分布式体系架构的折中。第二是机器人的自定位（localization）。每一台机器人需要识别自己在场中的位置，他人在场中的位置，以及场界、球门的位置。第三个是机器人的实时视觉问题，需能够捕捉瞬息万变的场中情况，从而能根据己方和对方的状况选择较好的策略。第四个是多机器人的传感器的融合，包括异源传感器的融合，可用于定位与滤波。第五方面是多机器人的协作，这一部分是相对最困难的，它涉及协调以及默契等高级认知，常用的协作策略有基于区域的队员组织，基于角色的队员组织，基于有限状态机（FSM）、人类社会计算、机器学习等方法的协作策略。第六，机器人的自学习。机器人的行为，如果全部通过编程人员手工编程实现，这有可能会出现考虑不周的情况，或者当环境复杂且稍有不同的时候造成应对错误，因此通过学习获得较高的反应能力和自适应能力受到人们的广泛关注。此外，机器人的运动控制、容错设计也是RoboCup研究的重点。

（2）Kilobot机器人

Kilobot是哈佛大学研制的一款可重配（reconfigurable）、自组装（self-assembly）、易扩展（scalable）的群机器人（swarm robot），如图6.2.2（本章节图片皆引自各官网或官方论文[12, 13]）。群机器人来源于生物学启发，主要研究如何使结构以及功能相对简单的多个自治机器人，通过交互、协调和控制，"涌现"出某种集体行为。在Kilobot之前的群机器人，规模在十多个或者几十个，而Kilobot将规模扩展到1024个，并且在数学上证明了Kilobot的简单行为能涌现出复杂行为。

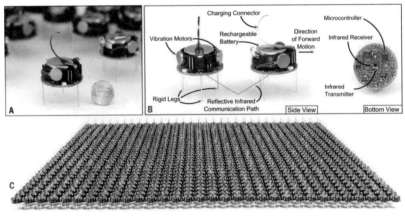

图6.2.2　Kilobot的尺寸大小、结构和系统

Kilobot 由分布式的、功能简单的、廉价的单个机器人组成，可以运动拼合出 K 字形、五角星、扳手形等多种多样的形状（如图6.2.3）。这样的功能在战场中可用于环境侦察或者聚合歼击。

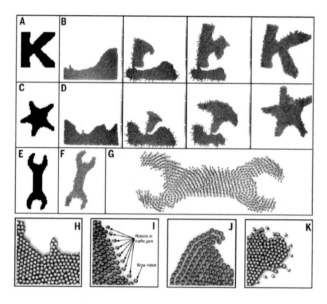

图6.2.3　Kilobot 形成的几个形状

Kilobot 单个机器人的行为有：振动而沿边运动、三角定位、计算自身梯度等三个动作（称为元语）（如图6.2.4）。正是在这三个动作的组合下，系统就能实现较复杂的涌现行为。具体涌现过程为：（1）人为选定四个相邻的 Kilobot，以此确定坐标原点和坐标朝向。（2）将选定的四个 Kilobot 和想要形成的形状、形状的尺寸统一发送给群体中的每个机器人。将坐标原点的机器人梯度定为0，它将会向周围广播自己的梯度，其余机器人的梯度＝邻居的梯度最小值+1。（3）梯度最大的机器人（一般处在边缘），自动沿着群体的边界逆时针行走（依靠震动马达驱动）。因为机器人底部的红外传感器能够通过反射测量两个机器人之间的距离，通过测量多个邻居的距离，可以知道自己所处的位置。某行走的机器人遇到两个停止条件则会终止：将要从形状内部走出形状（即处在边界上）、前一个位置已经被占据了而当前位置还在形状内。Kilobot 并不是通过为每个机器人指定具体的位置来形成形状，而是通过机制让每个机器人自己找到一个合适的位置。这种机制还能容忍机器人推蹭等意外，具有良好的自修复能力。

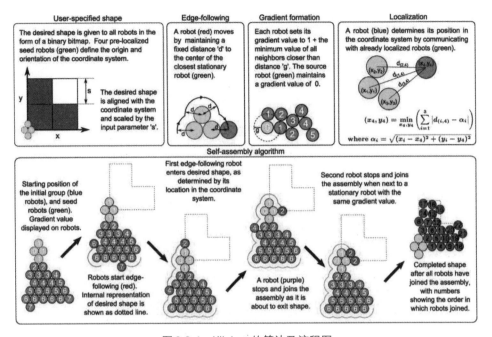

图6.2.4 Kilobot 的算法及流程图

当前学界在群机器人领域的研究集中在新的生物群体涌现行为模型、个体交互通信、系统底层机制、系统顶层协作控制、系统建模仿真、群机器人的应用等方面，具体为：①对生物系统的研究显示，涌现的产生可以利用正反馈，但也可利用负反馈机制使其得到控制，涌现模式的生成是这两个机制综合作用的结果；②在交互通信方面，可以通过环境（例如撒标记）、通过感知、通过消息通信等方式实现通信，研究适合群机器人的通信机制，利用个体机器人的局部感知和推理能力，研究机器人基于合作伙伴的行为的推断，辅之以必要的通信控制策略；③系统的底层机制即系统的元语，需要在多样性和复杂性之间进行考虑；④系统顶层协作控制主要指集中行为、分散行为和编队行为等的控制；⑤系统仿真指利用一些基于模型的仿真器，加快群机器人系统的开发；⑥群机器人的应用研究已经积累了若干所谓基准任务，第一类问题是基于模式形成的，包括聚合、网格自组织、分布式传感器部署、区域覆盖、环境地图绘制等，第二类问题集中于真实环境的任务——目标搜索、归航、定位有害气体的泄露源、觅食、围猎等[14]。

（3）AVERT 系统

现实中可能会遇到一些情形：小车期望停进一个停车位，但是车位比较复杂，很难倒车进去，如果车辆能够"像螃蟹一样"横着进去，势必能带来方便；又或者，车辆在某些地方抛锚了，拖车或者吊车难以到达进行处理。2015年出现的AVERT协同搬车系统[15]有望处理这些情形，如图6.2.5。这组机器人可以平稳地移动重达两吨的车辆。这组机器人以及它们所配套的系统，统称为"Avert"，是多机器人车辆运输提取系统（Autonomous Vehicle Extraction and Transportation）的简称。

图6.2.5　AVERT系统[15]

该系统只需要很少的人工输入，就能够完成复杂的任务。Avert 首先会进行区域安全扫描，扫描过程中发现潜在的障碍同时设计最安全的运输路径。接下来，Avert 系统将会释放四个小巧的机器人，这四个机器人将会运动到车轮下，并按照既定的路径运输提取车辆。Avert可以避免那些车辆乱停乱放事件的发生，不过目前Avert系统还仅仅用于行政执法部门。另外，据Avert系统的官网介绍，这套系统可以帮助警察在建筑物或者其他车位紧张的地方提取和移动车辆，甚至还可以在怀疑车辆有安全威胁时，操控Avert系统将车辆转移到安全地带。据媒体透露，Avert系统已在2016年开始生产。

在未来，多机器人系统的协同搬运技术将主要研究如何提高机器人对工作环境的适应性、搬运过程中的反馈与协作、控制算法与人工智能的结合等。

（4）团队实时策略游戏

多智能体系统的一个热门研究领域和突破性领域是团队型的即时策略（real-time strategy，RTS）游戏，如星际争霸（starcraft）、Dota、德州扑克、桥牌、斗地主等游戏。在这些游戏中，多智能体系统（人工智能系统）均取得了不俗的成绩，例如：

在星际争霸中：星际争霸是当前最成功的即时策略游戏之一，由于它有丰富的游戏机制和精妙的博弈平衡，它发行已历时20年仍长盛不衰。在2017年，研究人员认为星际争霸Ⅱ比围棋更具有挑战性，主要是因为①星际争霸中具有丰富的博弈过程、非唯一的最佳策略，此外还有战争迷雾和镜头限制，使玩家不能掌握实时的全局的精确的信息；②另外它还需要长期的规划来根据实际情况进行实时决策动作，因此它的状态空间十分巨大，由数百个不同的操作所形成的组合动作空间也巨大；③每个玩家（看作智能体）是异构的。Deepmind公司是智能体研究的先驱公司，并取得了多个突破性的进展，战胜人类围棋冠军的AlphaGo围棋智能体即是由该公司开发，在AlphaGo之后，该公司又将相关的（人工智能）程序应用到星际争霸Ⅱ上，并从单-单对战逐步应用到多-多对战。在使用了大量的计算资源，结合先进的数据处理器TPU，并经过长达40多天的程序训练之后，该多智能体打败人类的顶级团队。国内也有一些团队研究多智能体星际争霸对战，例如阿里巴巴的团队[16]。很多国内外的MAS都取得了不亚于人类的成就。

在Dota中：Dota是另一款火热的实时策略游戏，OpenAI Five智能体是一款著名的Dota对战程序。其开发公司OpenAI公司也是在机器学习、强化学习等方面取得了多项突破的公司。OpenAI的对抗算法研究开始于2016年11月，在2019年OpenAI Five迎战世界冠军OG并在一场三局两胜制比赛中连赢两局，成为第一个在电子竞技游戏中击败世界冠军的人工智能。该胜利可谓得来不易，因为该人工智能程序在256个GPU和128 000个CPU内核上训练了相当于大约180年时长的强化学习游戏。OpenAI Five的获胜赢得了广泛的赞誉，比尔·盖茨称赞该次胜利展现了协作的惊人力，是一款极其复杂游戏中的一项了不起的成就（https://en.wikipedia.org/wiki/OpenAI_Five）。

在德州扑克中：德州扑克是世界上最流行的卡牌游戏（扑克牌游戏）之一。因为其拥有丰富的概率学、心理学、博弈论、逻辑学等方面的内涵，卡牌组合玩法多，且具有益智的功能，因此受到广泛的欢迎。同时因为它的复杂性、不完全信息特性、状态空间大等特点，对它设计MAS难度较大。2017年，CMU的几位学者开发了冷面（Libratus）程序，它在持续20天的1对1无限制德州扑克比赛中成功战胜了4名全球顶级专家，因此这是继围棋之后又一个高难度游戏被人工智能挑战胜利。他们主要用大量的算力和博弈论、随机树搜索的方法来攻克德扑中的信息不完整等难点。多智能体程序Pluribus基于Libratus，使用更小的算力，在为期12天超过1万手手牌的比赛后，它赢了15名顶级玩家。Pluribus在"一个智能体+5个人类玩家"和"5个智能体+一个人类玩家"的模式下都取得了胜利。该多智能体程度能每局平均赢5美元，与5个人类玩家对战一小时就能赢1000美元，职业扑克玩家认为这是压倒性的胜利优势[17]。

MAS应用在即时策略游戏上，大部分都使用强化学习+深度学习的结合算法，经过与游戏者、环境、其他智能体的交互，提高智能体自身的水平，达到类人甚至超人的水平。这也难怪一些学者认为AI=RL+DL，即人工智能等于强化学习+深度学习。对这些RTS游戏的研究，并不只是为了娱乐，因为这些研究一方面可促进新的人工智能方法、理论、框架的提出，另一方面在游戏方面的突破也是朝军民应用、朝通用人工智能（artificial general intelligence，AGI）的突破。

（5）侦查搜索仿生系统

侦查搜索不仅仅具有军事意义，也可以应用于抗震救灾等各方面。基于人类对生物群体的认识和理解，模仿生物系统的侦搜查打MAS吸引了大量的研究。

"蝗虫"项目是美国海军一项研究从发射管发射无人机群的项目。代号"蝗虫"是因为它是"低成本无人机集群技术"（LOCUST: Low-Cost UAV Swarming Technology）的英文缩写。2015年，美国海军研究局开展可从舰艇、飞机、传统车辆等平台上快速连续发射无人机集群的研究，并且各无人机利用近距离射频网络共享态势信息，协同完成掩护、防御或攻击等任务。2016年5月，LOCUST项目在30秒内由陆基平台连续发射30架"郊狼"无人机，验证了无人机集群的编队飞行、队形变换、协同机动能力。

2016年12月，美国DARPA发布了"进攻性集群使能战术"（Offensive

Swarm-Enabled Tactics，OFFSET）项目，重点研究集群自主决策、人与集群协同以及集群战术三个方面。该项目拟开发并验证100多个集群战术，旨在提供一种快速生成集群战术的工具，提高军队防御、情报侦察监视、精确打击能力[18]。

哈佛大学的Robobees系统受蜂群的攻击行为启发。RoboBee的尺寸约为回形针的一半，重量不到十分之一克，并且使用"人造肌肉"飞翔，这种人造肌肉是由施加电压时会收缩的材料构成的。美国宇航局很快为这支迷你部队找到了第一个用武之地。2015年，NASA开启了将蜂群机器人送上火星的计划，认为它们对未来的太空探索意义重大。蜂群机器人较之以往独行侠般的火星车等探测设备，有着集体优势：它们可以分头行动，同时探测多个地点，提高工作效率，而且还能像真的蜂群那样层次分工明确，不同小组执行不同任务；再者，即使有个别成员在行动中出现故障或不幸"牺牲"，其低成本的造价也不会带来太大损失，更不会对集体功能产生严重影响。

目前业界、学界对侦搜查打仿生群机器人的研究还处于起步阶段，多项相关技术尚未成熟，因此群系统发挥出的实力还只是冰山一角，更多应用将在未来陆续显现。仿生机器人的设计不仅仅是模仿单生物体的构造，很多生物体都具有社会性，它们的协作模式也是重要的研究内容。

6.3 MAS研究现状与趋势

前面介绍了从单个智能体到多智能体系统的发展历史，也认识了一些较经典的MAS，了解了MAS中的常见要素。目前而言，单智能体的研究仍在广泛推进，但MAS的研究也在深入推进。对于MAS，需要考虑的因素更多，除了考虑单体智能之外还要考虑多智能体之间的交互，因此还有较多问题需要研究。本部分主要介绍MAS各要素研究的现状和未来趋势，并且着重介绍协作方面（因为前面章节已经介绍过单或多智能体的一些模块，例如架构等）的现状和未来趋势，希望使参考者有所认识、有所启发。

在上一节可以看到，经过这些年的发展，MAS（包括多机器人系统，MRS）已经取得了一定的成就。然而，这些系统离智能化、实用化尚有一定的距离，因此当前MAS仍然是一个重要的研究领域，它需要研究智能体之间的交互、智能体与环境之间的交互，因此这些研究涉及体系结构、通信、建模、感知、规划决策、控制执行等层面，本节将从这几个要素或视角出发梳理研究进展和趋势。另外，对多智能体系统的当前研究以及研究趋势，还可以有其他分析总结分类方式，例如以多智能体具体任务的分类、以性能指标的分类等。注意到这些视角并不是相互独立的视角，也非视角的合集就能覆盖掉所有MAS研究领域。每一个视角内的各个研究方面、研究进展和趋势，也许都可以撰写至少一本书的内容，由于篇幅的原因，本章主要目的是给出一个全局性的概览，大致分析相关研究的原因和脉络，具体的细节可仔细阅读后附的相关文献。

（1）体系架构

早期的多智能体系统主要由同构的（homogeneous）多智能体构成，即各智能体是类似的，现如今越来越多的以异构（heterogeneous）为主，并且关注跨陆域、空域、海域等域的系统和跨多类平台的系统。跨域跨平台的系统可以提供互相补充的能力和互补的资源，因此可以达成更强的互补协作，完成更具有挑战性的任务和应用。

MAS的控制结构主要为：早期的集中式控制架构（集中式的代表包括基于黑板的系统，以及服务器和客户的C/S系统），结构的灵活性不强；分布式（distributed）架构以及Ad hoc网络等架构，则在运动规划方面开销较大；如今的去中心化（decentralized）和混合式架构，兼具集中式与分布式的优势。虽然去中心化等控制架构可以增加系统的灵活性，减轻中心节点的失效影响以及单点瓶颈作用，但是也会增加系统协同的难度。近些年来随着互联网技术、大数据技术，以及人工智能技术的发展，出现了一些新的架构，例如近年的云机器人架构[19]：云端可以看作机器人的大脑，在云端通过计算以及大数据知识，控制机器人的执行。这些新架构需要进一步厘清可增性能与通信开销的问题，以及计算卸载、负载均衡、云计算的价格及可用性等问题。

未来的MAS架构方面的研究，主要考虑如何在集中式架构中提高可靠性、缓解并发压力，如何在分布式架构中降低系统的通讯负担，增加系统的快速性和鲁棒性，增强系统的拓扑发现，提高系统的一致性、收敛速度，而在混合式架构中，会进一步研究分组、分层以及联盟（colition）等操作。MAS架构的远景目标，将是一种兼顾集中与分布式两者的优点，但是又便于利用的架构。人在回路/人机交互的控制，未来仍将继续是一个研究的重点，因为人与机器人具有不同的特性，各有优劣势，例如机器人较理性但直觉不足，长期规划难或者没有一些常识、观念；而人类有时容易误判，不过人类可以从小样本学习，拥有丰厚的经验。因此在安全性、时效性、要求高的场合，主要研究如何形成人–机器人协作或者智能融合，以便更好地协同地完成任务。

（2）通信

通信是智能体之间交换信息的过程，这对MAS顺利高效地完成一项任务具有重要的作用。通信的方式分为显式通信、隐式通信等，其中的隐式通信包括了通过环境变化来通信，例如，在环境中放入特殊标签、特殊物质，也包括机器人用传感器进行观察得到对应环境和智能体的信息。显式通信是指利用现代通讯技术，例如蓝牙、Zigbee、4G、5G等技术，在系统所组成的网络中，通过点对点通信或者组播广播通信，将信息由一个智能体传递到一个智能体集合。MAS显式通信，往往需要在通信内容，通信时机、次数，通信数据量，通信质量等方面做权衡折中，例如，一些图像数据比较大，而一些控制数据比较紧急重要，两类数据的通信将有所不同，因此显式通信由多种基于 UDP、TCP或者独立开发的通信协议组成。一些系统甚至出现了加密通信，以提高信息的安全性。

通信方面的研究趋势，将主要在通信三要素—信源、信道、信宿—方面对通信的性能及特殊要求进行研究。在信源方面，主要研究智能体对信息的提取、表示和解读等信息处理的各个方面，这也涉及多源信息的融合与表示。此外，由于不同的系统，其通信能力、信息表达方式、结构会有所不同，所执行的任务也五花八门，因此，设计一种通用的通信元语或者中间件也是目前的研究点。在信道方面，早期的通信研究主要基于理想通讯条件，然而当前的研究趋势则越来越贴近现实条件的通信，甚至极限状况的通信，例如，弱通信、有限通信带宽与有限通信时延等条件，所以现实条件下的通信服务质量（QoS）保证是一些研究热点。随着天基链路，星际链路和5G的发展，随着智能体联网的发展，未来MAS的信道将会是更大规模、更复杂的，当然也可以期待更好的技术会带来更好的效益。在信宿方面，主要研究自适应的AP接入，通信网络的建立，网络的发现、保持、切变、预测等。最理想的MAS通信情况是能够按需通信，在需要的时候两个机器人进行通信，而逐步实现这一目的是未来的长期进程。

（3）安全

当前MAS的安全方面的研究还不多，但随着"反无人"越来越受到重视，安全方面的研究将会在未来增多。MAS安全包括了信息安全和系统安全。信息安全主要研究通信加密安全方式，以及https协议等。信息安全还研究完整性、不可抵赖性以及不可篡改性。信息安全方面可以跟最新的信息安全技术和新兴的分布式技术融合，例如与区块链技术进行交叉融合。区块链技术能在一个由相互缺乏信任的智能体组成的网络环境中，通过竞争验证与同步竞争的动态循环，使各节点达成可信共识，最终成为一个可以允许个体不经过第三方认证就可开展有效可信协作的新型技术，它有去中心化特性、可追溯的不可篡改特性，以及透明开放群体参与的特性，因此在未来区块链技术有望用于MAS的态势共享、复盘追踪等方面。系统安全指系统能够自我硬件故障的检测和恢复，可以用机器学习的方法识别异常，排查故障，并基于备份等冗余措施，自诊断自恢复系统。

（4）协作

MAS协作一般是基于特定的体系架构和通信进行的，它可以分为协同感知、协同规划、协同决策和协同控制等。协同感知决策规划控制形成了一个闭环，也可以说形成了自顶向下再自下向顶的闭环，其中的上层基于和面向下层的功能。

协同感知包括了对环境的感觉和理解。感知一般来源于传感器的信息数据收集，或者依靠系统的其他输入数据，例如地图或者经验数据。当前，感知方面由于人工智能的大发展取得了极大的发展，尤其是计算机视觉、信号处理等方面。现在智能体的感知能力，在很多初级的感觉和感知能力上，如分类、回归等方面，超过了人类的水平。尽管如此，当前智能体在对环境的理解以及整体认知方面，仍未达到很高的水平。MAS的协同感知的当前及未来的研究内容包括：多源信息（传感数据）的获得、提取、表示、融合、利用等信息层面的研究。此外，多机器人系统自身的位置，也即是定位问题，在协同感知中是极为重要的。如果单靠单个机器人的定位，误差有可能随时间漂移得越来越大，但多个机器人协同定位、互相测量以及互相交换信息，可以使定位误差更小，这方面仍然会有较多的新研究。另外，协同建图也是协同感知的一个重要的方面，机器人进入陌生的环境需要对环境探索并表示之，为规划决策建立基础，未来的研究会集中在建图的效率、精确性等各方面。建图和定位常常可融合在一起，称之为SLAM，SLAM的新理论新技术将会继续发展。

协同规划，包含了任务规划、路径规划等方面。多智能体系统的应用场景往往是复杂的，从而多智能体之间可能会发生资源冲突，这些资源包括空间资源、时间资源等。所谓空间资源是指智能体（如机器人）可能会同时进入一个位置，而时间资源是指某机器人需要同时做两件事，从而造成"分身乏术"。资源冲突中的资源还包括信息资源、数据资源、计算资源等。针对一个具体的MAS任务，如何定义每个子任务，如何将整个任务分解成子任务，如何将这些子任务分配给各机器人，并调度各机器人完成其任务，这些都是协同规划的主要研究内容。以协同任务规划举例，它的难点在于，它是非常高维的组合优化问题，而且它需要满足静态的约束或者动态的约束，包括了硬约束和软约束。此外，任务/子任务难以形式化定义，粒度/尺度难以把握，也是常见的难点。任务规划中的任务分解、任务指派和任务调度，分别回答任务是什么、任务分配给谁、任务什么时候执行等问题，三者之间互相耦合，进一步给协同任务规划带来挑战。任务分配类问题，根据机器人特性、子任务特性、分配特性，可以进行分类，分类的方法多种多样，其中最经典的分类方式是[20]：它将分配类问题分成八类，其中最难的是"多任务机器人–多机器人任务–时间持续性分配"这类。具体的任务分配的实行方法有基于行为的或者启发式的方法，这些方法的特点是实时性好，容错鲁棒性好，但一般只求得局部最优解；基于市场机制的方法，包含基于合同网协议、基于拍卖思想、基于市场思想、基于交易思想的方法；基于群体智能的分配方法；基于数学规划方法；基于空闲链的方法和基于情感招募的方法。所有这些任务分配方法都需要在计算效率、任务的模型、任务的均衡性等方面进行权衡。

决策是指根据环境做出最优的对应动作。这样的最优动作往往是与MAS的优化目标有关的。决策与规划的关系是，决策在更具体的下层；规划是选择一个动作序列而决策是选择一个动作，可以说决策是规划的核心。决策的难点在于它的挑战性，比如第一个维度诅咒（这是指问题的状态或动作空间较大，尤其复杂环境）；第二个诅咒是决策目标的形式化定义难以进行：有些任务只有总体目标，但具体单步如何执行难以描述，难以决策，例如，抓取中可以知道最终的目标为何，但是在过程中对于某个状态选择什么动作才能达到最优目标，这将难以决策。此外，还有样本效率（sample efficiency）的挑战，以及模型（尤其对于MRS）和误差的挑战。

在当前，常用的一类协同决策规划方法包括知识工程，规则推理。这类方法根据专家知识或者知识库形成一些规则，从而能实现从状态映射到具体的动作，而且进一步可以拓广到规则树[21]或者规则图[22]等。这样的方法取得了不俗的成绩，例如在1v1空战中，结合模糊逻辑的一种推理决策智能体能够击败专业的飞行员玩家。基于规则的决策的优点包括逻辑清晰，可解释性强，稳定性佳，并且系统运行对处理器的计算性能要求不高，但难以适应微妙、复杂、繁多的规则。而基于学习的行为决策其优点包括，可以描述更复杂、更繁多、更自适应的规则。最常用的基于学习的行为决策方法是强化学习，因此在这一小节我们将主要介绍基于多智能体强化学习的协作，它是当前最热门也是最被寄予厚望的决策算法，并取得了不俗的成绩[23, 24]。

单智能体强化学习主要基于马可夫决策过程（MDP），在这一个过程框架中来实现具有长远规划的决策。虽然，这种模型会遇到实时奖励，项目分配，信任度分配等难题，但从这些年的发展来看取得了很多突破和成就，也在相关的理论有一些提升和突破。多智能体强化学习一般也会建模成MDP上的MARL（联合动作学习或者分布式协作学习）或者随机博弈，除了刚提到的难题之外，它还会出现非平稳性，非均衡性，多个均衡点等难题。1994年Littman[25]首先提出应用随机对策作为多智能体强化学习的基础，并且提出了零和强化学习算法，拉开了多智能体强化学习的研究序幕。

当前 MARL 主要可以分为四大类[28]：第一类是涌现行为的分析，这一类不提出新的学习算法，而是分析和评价分布式深度强化学习算法，例如DQN和PPO等应用到多智能体系统中时的情况，主要分析或改进算法在不同的环境中的性能；第二类是学会通信[29, 30]，前面提到过多智能体之间的沟通协调极为重要，有些场景可能难以明确表达并且传递一些微妙的概念（默契之类的），而强化学习则可以学习到微妙概念，这是当前最为火热的一个研究领域之一。第三类是学会协作，即没有沟通、毫无通信的情况下来协作，包括学习自动信用度分配，这些算法包括Team-Q，FOE等。第四类是学习其他的智能体的模型，预测其他智能体的行为，从而能够决策自己的行为，这一般适用于竞争性的环境中。

MARL中决策策略的稳定性和可控性是最困难的。稳定性弱是因为Agent是同时在学习的，每个Agent都相当于面临着一个不停变化的环境，最好的策略可能会随着其他Agent策略的改变而改变。MARL的可控性弱是因为探索和贪婪过程会更复杂，在多Agent情况下，探索不仅是为了获取环境的信息，还包括其他Agent的信息，以此来适应其他Agent的行为，但是又不能过度探索，否则会打破其他Agent的平衡。

基于上述挑战，MARL的研究重点关注两方面学习目标，稳定性（stability）和适应性（adaptation）。稳定性指Agent的策略会收敛，而适应性确保性能不会因为其他Agent改变策略而下降。收敛至均衡态是稳定性的基本要求，这要求所有Agent的策略收敛至协调平衡状态，最常用的是纳什均衡。适应性体现在理性或无悔两个准则上，理性指出当其他Agent稳定时，本Agent会收敛于最优反馈，无悔是说最终收敛的策略，其回报要不差于任何其他的策略。

在未来的协同决策方面，学习算法的适应性和稳定性的研究将会是持续的研究难点和热点，更有效的可解释性的方法将有可能被提出，而经典的基于规则的方法（包括有限自动状态机、灰色决策、合作博弈理论等）与基于学习的方法的进一步结合也有诱人的前景。另外，基于模型引导（guided）的以及包含了先验知识的启发式探索技术，利用样本数据建立简化环境模型的基于模型的学习方法等，也有较多人在继续深入研究。

协同控制是指多个智能体组成的团队，向着特定目标或者方向运动的过程中，相互保持预定的几何图形，同时适应环境约束（如通过狭窄通道等）、避开障碍物的过程。它吸引了众多科研机构和学者的兴趣，有大量的协同控制论文发表在顶级期刊上。协同控制包括一致性、队形、汇聚、群集、合围，以及追逐、协同搬运等研究内容。协同控制以坚实的自动控制理论为基础，主要关注系统的控制效率以及稳定性。协同控制中，对队形的控制是最基础的，队形控制包括队形的生成、队形的保持、队形的切换、编队避障和对动态未知环境的适应。队形的控制方法有基于行为的方法、基于领导者–跟随者的方法、基于虚结构方法、基于图论的方法等。协同控制在未来将继续以对复杂任务、复杂行为、复杂系统的控制研究为主[31]，另外端到端的控制也将越来越被重视。深度学习在控制领域的研究已初露峥嵘，目前的研究主要集中在控制目标识别、状态特征提取、系统参数辨识、控制策略计算等方面，尤其是深度学习和强化学习的结合已经产生了优秀的研究成果[32]。

（5）执行（execution）

一般在仿真环境或者半仿真环境下调试、训练好的多智能体系统的算法，往往难以直接应用到实际系统中，这种现象称作现实鸿沟（reality gap）。现实鸿沟不仅存在于 MRS 中，也存在于其他的 MAS 中。产生的原因是多种多样的，包括不准确的系统模型，欠驱动的模型，不准确的或者有噪声的现实环境，此外还有机器人执行的过程中产生的误差如超调、震荡等情况。现实鸿沟的产生还有可能是由于算法的固有缺陷造成的，例如算法泛化性不强等。在 MAS 的执行领域，未来的研究将更紧密地与机械、自动控制等领域相结合，建立良好的动力学和运动学模型，在此基础上设计更好的规划决策执行的控制方法，获得更好的结果。

6.4 更多资源与软件

（1）更多信息资源

1. Richard Sutton 的主页，http://www.incompleteideas.net/。强化学习的资源汇总：http://incompleteideas.net/rlai.cs.ualberta.ca/RLAI/rlai.html。

2. Deepmind 公司的研究进展和最新成果，deepmind.com。

3. 多智能体强化学习的研究论文和综述论文的汇总：https://github. com/LantaoYu/MARL-Papers，该网页分门别类地列出了相关教程（Tutorial）和书籍（Book），综述论文（Review Papers），而研究论文（ResearchPapers）又细分为 Framework，Joint action learning，Cooperation and competition，Coordination，Security，Self-Play，Learning To Communi- cate，Transfer Learning，Imitation and Inverse Reinforcement Learning，Meta Learning，Application 等类。

4. MAS 的最新研究成果期刊与会议：CCF 推荐会议期刊列表 https://www.ccf. org.cn/xspj/gyml/ 和中国自动化学会推荐期刊列表等。如果是研究 MAS 架构、通信等，这样的论文也可以发表于计算系统的体系结构类、通信类期刊或者会议上，而研究 MAS 的协作或者智能等，则可以发表于人工智能类、前沿交叉类期刊或者会议上，或者机器人（自动化）领域的期刊或者会议上。这些期刊包括：AI，PAMI，IJCV，JMLR，IJRR，JFR，TRO。重要的会议包括：AAAI，IJCAI，ICML，NeurIPS，ICRA，RSS，AAMAS。

世界著名的一些 MAS/MRS 研究实验室：

1. MIT，美国，Distributed Robotics Laboratory，https://www.csail.mit. edu/research/distributed–robotics–laboratory，主要研究分布式算法和自组织的机器人系统等。

2. Stanford University，美国，The Stanford Robotics Group，https://cs.stanford. edu/groups/manips/。从事与机器人操纵和控制各个方面有关的研究，主要重点是设计可以在非结构化环境中与人类进行操作和交互的机器人（系统）。

3. Harvard University，美国，Self–Organizing Systems Research Group https://ssr.seas.harvard.edu，研究计算机科学、机器人、生物学交叉的领域。

4. Oregon State University，美国，Robotic Decision Making Laboratory，http://research.engr.oregonstate.edu/rdml/。设计规划、协作和学习技术，以改善物理世界中的机器人感知和操纵。

5. University of Pennsylvania，美国，GRASP实验室，https://www.grasp.upenn. edu/。通用机器人、自动化、传感与感知。

6. University of Edinburg，英国，Institute of Perception，Action and Be– haviour（IPAB），http://ipab.inf.ed.ac.uk/，多智能体学习。

7. Montreal，加拿大，REAL–The Robotics and Embodied AI lab，主要研究环境建模、机器人示教等。

8. ETH，瑞士，IRIS，https://www.iris.ethz.ch/。机器人与智能系统研究所（IRIS）是瑞士苏黎世联邦理工学院的一部分。它目前由8个独立的实验室组成，这些实验室从事从生物医学纳米器件到康复和自动系统的各个领域的研究。

9. EPFL，瑞士，LIS –Laboratory of Intelligent Systems，https://www. epfl.ch/labs/lis/，智能系统研究。

（2）相关软件

基于多智能体（Multi–Agent）的仿真模拟软件比较多，相对有影响力的包括：

1.美国西北大学网络学习和计算机建模中心的 NetLogo。NetLogo 的前身是 StarLogo。

2. 美国麻省理工学院多媒体实验室的 StarLogo。

3. 芝加哥大学社会科学计算实验室开发研制的 Repast。

4. 美国爱荷华州立大学的 McFadzean、Stewart 和 Tesfatsion 开发的 TNG Lab。

5. 意大利都灵大学 Pietro Terna 开发的企业仿真项目 jES。

6. 美国布鲁金斯研究所 Miles T. Parker 开发的 Ascape。

7. 美国桑塔费研究所（The Santa Fe Institute，SFI）的 Swarm。2004 年 6 月发布了 Swarm2.2 版本，可以在 Windows XP 系统上运行。Swarm 已获得 GNU 公共许可证，所有文档实例、软件和开发工具的 Alla 组件、可执行部件和源代码都可以免费得到。

8. GAMA，https://gama-platform.github.io/，可建模和仿真百万级别的 MAS。

6.5 小结

本章主要介绍了智能体研究中的一个重要领域—多智能体系统。从单智能体与 MAS 的发展历史出发，介绍了 MAS 的要素、评价维度以及组成方式、应用领域，接着借助一些经典的 MAS 为例，初步展示了 MAS 广阔的应用领域和多样化的研究重点与难点，之后从 MAS 的架构、通信、安全、协作、执行等方面介绍了 MAS 的研究现状和趋势。由于篇幅有限，一些重要的文献资源以及软件单列了一小节，以供初步入门者更全面的了解或者进一步的学习。MAS 已经越来越成为智能体研究中的重要一员，人们可以期待随着技术的发展和研究的深入，未来可以看到越来越多突破性的成果以及广泛的应用。

参考文献

[1] Volodymyr Mnih, Koray Kavukcuoglu, David Silver, Alex Graves, Ioannis Antonoglou, Daan Wierstra, and Martin Riedmiller. Playing atari with deep reinforcement learning. arXiv preprint arXiv:1312.5602, 2013.

[2]   Volodymyr Mnih, Koray Kavukcuoglu, David Silver, Andrei A Rusu, Joel Veness, Marc
        G Bellemare, Alex Graves, Martin Riedmiller, Andreas K Fidjeland, Georg Ostrovski, et
        al. Human-level control through deep reinforcement learning. Nature, 518（7540）:529,
        2015.

[3]   吴鹤龄, 崔林. 图灵和 acm 图灵奖, 2012.

[4]   Michael Wooldridge, 石纯一等. 多 agent 系统引论, 2003.

[5]   史忠植. 智能主体及其应用. 科学出版社, 2000.

[6]   Munidar P Singh. Multiagent systems: A theoretical framework for in- tentions, know-
        how, and communications, 1994.

[7]   Yoav Shoham and Kevin Leyton-Brown. Multiagent systems: Algorith- mic, game-
        theoretic, and logical foundations. Cambridge University Press, 2008.

[8]   Multi-agent system wikipedia. https://en.wikipedia.org/wiki/ Multi-agent_system.

[9]   唐贤伦. 群体智能与多 Agent 系统交叉结合: 理论, 方法与应用. 科学出版社, 2014.

[10]   蔡自兴, 陈白帆, 刘丽珏等. 多移动机器人协同原理与技术, 2011.

[11]   Zichao Wang. A critical study of multi-agent systems: models, architec- tures and
        applications. PhD thesis, Concordia University, 2003.

[12]   Michael Rubenstein, Christian Ahler, and Radhika Nagpal. Kilobot: A low cost scalable
        robot system for collective behaviors. In 2012 IEEE International Conference on Robotics
        and Automation, pages 3293–3298. IEEE, 2012.

[13]   Michael Rubenstein, Alejandro Cornejo, and Radhika Nagpal. Pro- grammable self-
        assembly in a thousand-robot swarm. Science, 345（6198）:795–799, 2014.

[14]   薛颂东, 曾建潮等. 群机器人研究综述. 模式识别与人工智能, 21（2）:177–185, 2008.

[15]   Angelos Amanatiadis, Christopher Henschel, Bernd Birkicht, Benjamin Andel,
        Konstantinos Charalampous, Ioannis Kostavelis, Richard May, and Antonios Gasteratos.
        Avert: An autonomous multi-robot system for vehicle extraction and transportation. In
        2015 IEEE International Con- ference on Robotics and Automation（ICRA）, pages
        1662–1669. IEEE, 2015.

[16]   Peng Peng, Quan Yuan, Ying Wen, Yaodong Yang, Zhenkun Tang, Haitao Long, and Jun
        Wang. Multiagent bidirectionally-coordinated nets for learning to play starcraft combat
        games. arXiv preprint arXiv:1703.10069, 2, 2017.

[17]   Noam Brown and Tuomas Sandholm. Superhuman ai for multiplayer poker. Science, 365
        （6456）:885–890, 2019.

[18]   许铜华. 面向无人机集群自主协同侦察的深度强化学习方法研究. 硕博论文, 国防科
        技大学, 2019.

[19]   Ken Goldberg and Ben Kehoe. Cloud robotics and automation: A survey of related work.

EECS Department, University of California, Berkeley, Tech. Rep. UCB/EECS-2013-5, 2013.

[20] Brian P Gerkey and Maja J Mataric. A formal analysis and taxonomy of task allocation in multi-robot systems. The International Journal of Robotics Research, 23（9）:939–954, 2004.

[21] Nicholas D Ernest. Genetic fuzzy trees for intelligent control of unmanned combat aerial vehicles. PhD thesis, University of Cincinnati, 2015.

[22] Daphne Koller and Nir Friedman. Probabilistic graphical models: princi- ples and techniques. MIT press, 2009.

[23] Lucian Bu, Robert Babu, Bart De Schutter, et al. A comprehensive survey of multiagent reinforcement learning. IEEE Transactions on Systems, Man, and Cybernetics, Part C（Applications and Reviews）, 38（2）:156– 172, 2008.

[24] Yuxi Li. Deep reinforcement learning: An overview. arXiv preprint arXiv:1701.07274, 2017.

[25] Michael L Littman. Markov games as a framework for multi-agent rein- forcement learning. In Machine learning proceedings 1994, pages 157–163. Elsevier, 1994.

[26] 吴军, 徐昕, 王健, 贺汉根. 面向多机器人系统的增强学习研究进展综述. 控制与决策, 26（11）:1601–1611, 2011.

[27] 杜威, 丁世飞. 多智能体强化学习综述. 计算机科学, 46（8）:1–8, 2019.

[28] Pablo Hernandez-Leal, Bilal Kartal, and Matthew E Taylor. A survey and critique of multiagent deep reinforcement learning. Autonomous Agents and Multi-Agent Systems, 33（6）:750–797, 2019.

[29] Sainbayar Sukhbaatar, Rob Fergus, et al. Learning multiagent commu- nication with backpropagation. In Advances in Neural Information Pro- cessing Systems, pages 2244–2252, 2016.

[30] Mingyang Geng, Kele Xu, Xing Zhou, Bo Ding, Huaimin Wang, and Lei Zhang. Learning to cooperate via an attention-based communication neu- ral network in decentralized multi-robot exploration. Entropy, 21（3）:294, 2019.

[31] Kwang-Kyo Oh, Myoung-Chul Park, and Hyo-Sung Ahn. A survey of multi-agent formation control. Automatica, 53:424–440, 2015.

[32] 段艳杰, 吕宜生, 张杰, 赵学亮, 王飞跃. 深度学习在控制领域的研究现状与展望. 自动化学报,（5）:2, 2016.